B&R
KONZEPTE

Das vom Leben erschaffene Universum
A Universe From Something – Edition 3
2016 B&R Konzepte
Kirchplatz 4, 31840 Hessisch Oldendorf
Herstellung und Verlag:
BoD – Books on Demand, Norderstedt
ISBN 978-3-7392-1504-4
Autor: Bodo Zeidler
Alle Rechte vorbehalten

D A N K E

an all die Menschen,
die mich bei meinen skurrilen Projekten unterstützen,
allen voran meine Eltern Waltraud und Ernst Zeidler,
meine Schwester Anette,
meine beiden Söhne,
meine gesamte Familie und Verwandtschaft,
meine so vielen, lieben Freunde,
die die letzten Jahre Unsagbares für mich geleistet haben:
Doro, Steffi, Heiko, Sven, Andreas, Matze, Roman, Olli, Sanna, Jonas, Marlon,
Celia, Thomas, Imke, Sian, Markus, Julia, Ayhan
und so viele wichtige mehr,
meine treuen Mitarbeiter und Partner,
meine Mentorin Helga Nickel,
die mir das Sehen beibrachte,
meine Lehrer und Theaterkollegen, darunter
Rolf Brose, Hans-Jürgen Vogt, Herrn Busse und Oskar Wedel,
meine weiteren Mentoren:
Peter Spiegel und Oliver Sohn,
an meine Muto-Musicaltruppe aus Wiesbaden,

und im Hinblick auf die Entstehung dieses Buches an
Josef Pöpsel für Fachfragen im Bereich der Informationstechnologie,
Andreas Röver im Bereich Automation/Lösung Würfelrätsel,
Prof. Dr. Weigand (Universität Würzburg),
Prof. Dr. Damm (Universität Kaiserslautern),
John Rausch für Testläufe Automation/Lösung Würfelrätsel (Ohio, USA),
Enrico Schütz für geschichtliche Recherchen,
Jaap Scherphuis Automation/Lösung Würfelrätsel,

und an all die, die ich unabsichtlich vergessen habe.

Vorwort

Das Buch behandelt eine möglichst schlüssige Gedankenkette,
wie *Wissenschaft*
und die unbestrittene, milliardenfache Existenz der *Liebe an das Göttliche*
so in Einklang gebracht werden mögen,
ohne dass ein Wissenschaftler das Buch genervt beiseite legt.

Meine Hoffnung ist es, dass Wissenschaftler dieses Buch so lange lesen,
bis es ihnen schwammig erscheint.
Wenn auch nur ein Wissenschaftler das Buch bis zur letzten Seite liest,
so hätte das Buch seinen Zweck erfüllt.

Aus der Chemie wissen wir, dass sich zwei hochgiftige Substanzen zu einem
Stoff verbinden können, der sehr gesund für den Menschen ist.

Der Dialog zwischen der Wissenschaft und der Theologie ist sehr konträr.
Die Wissenschaft scheint von der Theologie gestresst, während die Theologie
die Ergebnisse der Wissenschaft oft aktiv ausblendet.

Wenn jemand daher kommen würde, der schlüssig aufzeigt,
dass sich die milliardenfach vorhandene *Liebe an das Göttliche*
durch die Ergebnisse der Wissenschaft begründet,
dann fände ich das persönlich interessant.

Dieser Frage widme ich mich, und hoffe, diejenigen, die intelligenter, schlauer
und wissenschaftlicher sind als ich, damit zu inspirieren.

Bodo Zeidler

Inhalt

Einleitung 9

Das Paradoxon des Anfangs 13

Die Einführung in das „Paradoxon des Anfangs" 14

Unser Blick auf die Dinge 16

Der Streit zwischen der Wissenschaft und Kreationisten 22

Der Beweis, dass es keinen Beweis gibt 26

Konstrukte 28

Die Abrenzung von das Universum beschreibenden Wörtern und Konstrukten 30

Die Betrachtung, wie *Nichts* und *Naturgesetz* sprachlich einzuordnen sind 32

Nicht nur die Größe ist entscheidend 33

Gibt es Energie nur wegen unseres Körpers? 37

Körperbewusstsein 38

Die größte Täuschung unseres Lebens 39

Verankert 44

Der Hinweis auf die Initiierung des Universums 45

Die Abkehr vom Ursache-Folge-Denken 45

Die Systembeschränkung 47

Die mögliche Datenfernübertragung 48

Die Varianz 50

Die Gleichmäßigkeit des Universums 53

Das Wesen eines Gesetzes und dessen Wichtigkeit für das „Paradoxon des Anfangs" 53

Das mögliche Ergebnis, welches Bild wir uns vom Universum somit machen können? 58

Wie sich die *Liebe an das Göttliche* begründet 59

Die gesellschaftliche Sicht auf die Wirklichkeit 62

Wer die Frage um den Anfang des Universums beantworten wird 64

Eine Annahme, warum das Fermi-Paradoxon gar nicht paradox ist 65

Das Wesen der Mathematik 66

Die Erklärung, warum es keine Unendlichkeit gibt 69

Die Theorie, was Dunkle Materie und Dunkle Energie ist 73

Warum das *Göttliche* und die Schöpfung des Universums womöglich getrennt zu betrachten sind 73

Die Deutung des Universums aufgrund demografischer Umstände 77

Die Definiton, was Kunst ist 82

Der freie Wille 83

Schlusswort und die Widerlegung Krauss' Aussagen mindestens in einem Punkt 83

Grobe Inhalte der Gedanken Matthew Widgets (Romanfigur aus *„Das kleinste Teilchen ist ein Universum"*) 85

Der Aufbau des Zuckerwürfel-Experiments 88

Das Zuckewürfelexperiment im Kleinen: Wie jeder Urmensch es hätte durchführen können 93

Von Aaron und den falschen Weltbildern 98

Der Quark mit den Quarks 129

Viel Leben 134

Einleitung

Die Wissenschaft hat eine tolle Eigenschaft, den Selbstzweifel. Sie erarbeitet neue Ergebnisse, und wenn einer neuen Deutung etwas widerspricht, dann wird das Bisherige verworfen und eine neue Lösung angestrebt. Das macht Wissenschaft so charmant.
Die Religionen, die viel positive Gesinnung in unsere Welt bringen, haben ein anderes Wesen. Sie müssen aufgrund wissenschaftlicher Ergebnisse ihr Bild von Welt und Universum permanent anpassen und ihre Schriftwerke in Einklang mit dem aktuellen Wissensstand bringen.
Wissenschaftler scheinen oft angenervt, wenn sie das Wort *Gott* hören. Zumindest wollen sie das Wort Gott nicht wissenschaftlich diskutieren. Deswegen behaupten viele Physiker, dass die Physik schlichtweg keine Kompetenz hat, was die Gottesbedeutung angeht.
Wenn es so ist, dass gut die Hälfte der Erdbevölkerung einen Gottesglauben lebt, so gibt es ca. vier Milliarden Menschen, die irgendwie gläubig sind.
Die Gottesliebe von Milliarden Menschen ist also ein Fakt, und da diese Menschen aus Fleisch und Blut bestehen - also ein *physisches* Wesen haben – muss die *Existenz der Gottesliebe* ganz sicher wissenschaftlich behandelt werden, unabhängig dessen, ob es darüber hinaus einen Gott geben mag. Wenn auch nicht die Physik dieses Thema behandelt, dann doch wenigstens so etwas wie die Anthropologie.
Lawrence Krauss ist einer meiner Lieblingswissenschaftler. Im Internet kann man sich Dutzende wissenschaftlicher Vorträge von ihm anhören. Einem Durchschnittsmensch wie mir wird der Einblick in die neuesten wissenschaftlichen Erkenntnisse gewährt, und die Wissenschaftler formulieren vieles so, dass man es auch gut verstehen kann. Wissenschaftliche Vorträge

inspirieren. Da es nun nicht so ist, dass ich viele Bücher gelesen habe - nicht Dutzende philosophischer oder wissenschaftlicher Dissertationen, verfügt ein *Lawrence Krauss* ja über ein ungleich höheres Wissen als ich.

Das viele Wissen hat bestimmt viele Vorteile, es mag aber auch sein, dass jemand, der viel weiß, auch sehr geprägt ist, dass heißt, dass er das Erlernte anerkennt und nicht in Frage stellt.

Wenn man unwissend ist, wird man mit neuen Erkenntnissen ja eher jungfräulich konfrontiert. Wenn Lawrence Kraus mir im Youtube-Vortrag erklärt, dass das Universum so etwas wie ein flaches Universum ist, also weder kollabieren noch sich unendlich weit ausdehnen wird, dann lässt er mich an etwas teilhaben, was so viel Arbeit und Genialität zuvor erfordert hat. Er hievt mich vom Wissenstand from Zero to Hero, ohne dass ich verstanden hätte, dass man für diese Erkenntnis das Universum vorher wiegen und vieles mehr erforschen musste, was ja eine Sensation ist.

Dieser Lawrence Krauss erzählt mir also die naheliegende Vermutung – in Ankündigung des anstehenden Beweises – von einem Universum, das aus dem Nichts entstanden sei.

Ich habe das so verstanden, dass aus dem kompletten Nichts – nach den Regeln der Quantenphysik – Step by Step alles entstanden sei, so, wie es heute ist.

Womöglich ereignete es sich so, dass aus dem Nichts ein Miniteilchen entstanden ist, sich dann so etwas wie Antimaterie gebildet hat, und dann alles seinen Lauf nahm.

Diese Erklärung des Lawrence Krauss habe ich erst einmal so geschluckt. Die Vorstellung, dass aus dem Nichts etwas entsteht, mutet ungewöhnlich an. Aber so, wie er es erklärte, war es alles so plausibel.

Aus der klassischen Literatur kennen wir das Motiv der *Tragik*.

Ein tragisches Bühnenstück enthält immer eine Situation, wo jemand etwas bewirken möchte, aber mit dem Erwirken genau das Gegenteil erzielt. Man kann sich das so vorstellen, als wenn sich jemand einen neuen Computer kauft, sich vorausschauend sofort ein Antivirenprogramm herunter lädt, dieses Antivirenprogramm aber genau den Virus trägt, den es zu vermeiden galt. Sowas ist ein tragisches Motiv, anhand eines modernen Beispiels.

Also dieser Lawrence Krauss wendet sein Wissen und seine Genialität an, um zu beweisen, dass das Universum aus dem Nichts entstanden ist. So oft hatte er schon mit Dingen Recht, u.a. mit der Annahme, dass das Universum flach sei.

Lawrence Krauss tritt den Beweis für das Universum aus dem Nichts an, dass sich dann – nach den Regeln der Quantenphysik – entwickelt.

Und nun schreiben wir genau diesen Satz einmal an die Tafel, zumindest vor unserem geistigen Auge: Da entsteht etwas aus dem Nichts, nach den Regeln der Quantenphysik. „Liebe Schüler, fällt Ihnen da etwas auf?"

Natürlich fällt den Schülern nichts auf, denn sie haben ja schon 300 Seiten von Lawrence Krauss gelesen, und das mit dem *Universum aus dem Nichts* geht für sie in Ordnung.

„Wenn das System Universum aus dem Nichts hervorgeht, so mag das ja durchaus möglich sein. Wenn sich das alles nach den Regeln der Quantenphysik entwickelt, wie verhält es sich aber dann mit der Existenz der quantenphysikalischen Regeln? Die Regeln der Quantenphysik müssen ja offenbar schon vor dem Nichts existent gewesen sein. Sonst würde ich es zumindest nicht verstehen. Kann eine Regel existent sein, wenn sie vorher nicht in Masse manifestiert wurde? Die Begrifflichkeit Existenz müsste ggf. ganz scharf unter die Lupe genommen werden.

Je mehr Lawrence Krauss beweist, dass das Universum aus dem Nichts hervor gegangen sei, desto mehr mag er beweisen, dass genau dieser Sachverhalt das Gegenteil beweist, da die Regeln der Quantenphysik existent gewesen sein müssen.

Die Story, dass die Regeln der Quantenphysik gleichzeitig aus dem Nichts mit entstanden seien, werde ich Lawrence Krauss nicht abkaufen."
Vielleicht steht Lawrence Krauss wie ein Ritter im Parsifal auf der Bühne und wird sich seines tragischen Werks bewusst.
Die These, dass es ein Widerspruch ist, dass aus dem Nichts mit einem existenten Regelwerk etwas hervor geht, habe ich kleinlaut, zurückhaltend und selbstgenügsam „Zeidler-Paradoxon" genannt.

Das Paradoxon des Anfangs

in seiner Formulierung vom 13.11.2015
Autor: Bodo Zeidler

Verschiedene Wissenschaftler behaupten,
dass das Universum aus dem *Nichts* hervorgegangen sei und sich nach
den Regeln der Quantenmechanik entwickelt hätte.

Es mag zu erwarten sein,
dass eines Tages wissenschaftlich dieser Nachweis geführt wird.

Genau dieser Nachweis,
dass das Universum aus dem Nichts entstanden ist
und sich nach den Regeln der Quantenmechanik
– oder etwaig anderen Regeln –
entwickelt hat, beweist im Umkehrschluss,
dass es im Zustand dieses Nichts das Regelwerk der
Quantenmechanik
– oder etwaig andere Regeln –
gegeben haben muss.

Dadurch würde deutlich, dass sich dieses Nichts ausschließlich auf die
Formulierung des Systems *Universum* bezöge, und es unabhängig
dieses Nichts mindestens einen Teil eines Regelwerks gegeben haben
müsste, der unabhängig dieses Nichts bestünde.

In dem Falle müsste es eine Initiierende Instanz geben,
die kein Teil des Universums ist und die Existenz des Regelwerks
begründet,
sowie einer Bezeichnung bedarf.

Die Einführung in das „Paradoxon des Anfangs"

Das zentrale Thema, was diese These behandelt, ist die Widersinnigkeit, dass zum Zeitpunkt des Nichts – aus dem angeblich alles entstanden ist – ein Regelwerk bestand, unabhängig dessen, ob es sich um die Quantenphysik oder ein anderes Regelwerk handele.

„Nichts, aber eine Regel vorhanden, existent?"

Und um es vorweg zu sagen: Im Umkehrschluss mit der *Gottphrase* zu kommen, ist ebenso falsch.

Uns muss es doch darum gehen, unser Wesen zu ergründen, und gern auch das heraus zu finden, was das Universum ist.

Die Wissenschaft beschreibt das Universum. Sie kommt zu unglaublichen, erstaunlichen und intelligenten Ergebnissen. Es verbleibt aber dabei, dass die Wissenschaft das Universum beschreibt und in keinster Weise ergründet.

Die Wissenschaft steht sprichwörtlich wie im Zoo vor einem Gorillakäfig und beschreibt jedes Haar des Gorillas einzeln, wie groß es ist, welche Farbe es hat, und hat nicht im Sinn, dass der Gorilla einfach nur denkt „Ich möchte hier raus".

Die Idee, dass das Universum aus dem Nichts entstanden sei, wird nicht allein von Lawrence Krauss vertreten. Sein Kollege Stephen W. Hawking spricht von eben Gleichem, wenn er sagt „Because there is a law such as gravity, the universe can and will create itself from nothing".

Wenn ich ehrlich bin, hatte ich mich mit den wissenschaftlichen Erkenntnissen des Lawrence Krauss noch gar nicht beschäftigt, als ich seine Idee paradox empfand. „Die Entstehung aus dem Nichts, nach einem vorhandenen Regelwerk" lässt ja offenbar nur wenige Deutungen zu:

a) ***Zeitgleichheit***: Das System Universum wird als eine eigene Instanz betrachtet und es existierte mit dem ersten Ereignis des Universums ein Regelwerk, also nicht vorher.

b) ***Zeitlich schleichend***: Am Anfang des Universums war nichts, und beim ersten Ereignis des Universums entstanden – step by step und autodynamisch - Naturgesetze, so wie auch chemische Elemente entstanden.

c) ***Zeitlosigkeit oder vorherige Existenz***: Es bestand außerhalb des Universums ein Regelwerk, dessen sich das Universum bediente.

Zeitgleichheit würde wie Hokuspokus anmuten, wenn sich das erste Teilchen bildet und schwupps dafür eine Regel des Universums mitschwingt.

Und was *Zeitlich schleichend* angeht? So wie die Wissenschaft den Anfang des Universums vermutet und beschreibt, so ist ja in den Anfängen offenbar sehr viel passiert. Wenn sich die Naturgesetze erst während den Anfängen entwickelt hätten, so hätten ja schon im Anfang die vielen komplexen Vorgänge im Universum eine Erschaffung vieler Gesetzmäßigkeiten begleiten müssen. Die Gesetze hätten sich iterativ mit entwickeln müssen.

Außerdem wäre das, was Hawking behauptet, dann ja falsch, wenn er sagt „Weil es sowas wie die Gravitation *gibt(!)*, kann und wird sich das Universum selbst aus dem Nichts erschaffen".

Er beschreibt den Bestand der Gravitation ja offenbar als etwas Zeitloses oder vorherig Existentes, als etwas Bestand Habendes.

Die Katze beißt sich bei den Aussagen Krauss' und Hawkings offenbar dramatisch in den eigenen Schwanz. Es ist ja auch ein Gesetz, dass man besoffen meist neben das Klo pinkelt, aber aus einem solchen Gesetz entsteht ja nicht gleich ein Universum, zumindest meist nicht.

Unser Blick auf die Dinge

Der Blick auf die Themse ist eine große Entspannung für mich. Der optische Eindruck, der sich aus Nebel, Wasser und Schiffen ergibt, beseelt mich. Und je mehr ich in Gedanken versinke, desto mehr komme ich zur Einsicht, dass alles, was ich sehe, im wissenschaftlichen Sinne so etwas wie Masse, Raum und Zeit ist. Und da Raum und Zeit nicht greifbar sind, verbleibt nur die Masse, die sich so schön zu den Nebeln, zu Wasser und Schiffen zusammenfügt.

Auch wenn die Wissenschaft das Rätsel um Masse, Energie und kleinste Teilchen nicht gelöst hat, so scheint doch eines sicher: All das, was uns widerfährt, was wir sehen, hören, anfassen und genießen, gründet auf den Effekten von Masse und Energie, was wesentlich vielleicht sogar ein und das gleiche sein mag.

Und die Tatsache, dass alleinig aus Masse und Energie das Wundervolle, die Liebe und so vieles mehr hervor gehen, verleiht mir den Beweis, dass die wissenschaftliche Erklärung des Universums nicht die Wahrheit beschreibt, mindestens nicht die ganze.

Die Wissenschaft fordert von den gläubigen Menschen ein, sie sollten einen Beweis führen, dass es das Göttliche gibt.

Ich fordere da eher die Umkehr der Beweispflicht: Wenn alles Greifbare aus Masse besteht, und aus der schnöden, dummen Masse trotzdem liebendes Leben entsteht: Wie soll das die Wissenschaft begründen? Im wissenschaftlichen Sinne müsste doch die dumme Masse nur dumme Formen annehmen? Das Gegenteil ist der Fall. Aus dummer Masse geformt sitzt ein Nelson Mandela Jahrzehnte im Gefängnis und tritt für das Gute ein, für das, was andere Menschen glücklich machen soll. Die Wissenschaft müsste demnach ja den Spagat machen, aus der Singularität des Urknalls diesen besagten Nelson Mandela und seine Liebe zu begründen.

Eine solche wissenschaftliche Dissertation habe ich auch noch nicht gesehen. Das Leben als ein chemisches Ereignis, als einen schnöden dynamischen Prozess und *Survival of the Fittest* zu erklären, ist ja eher ein Plätschern an der Oberfläche, eine Beschreibung des sichtbaren Teils des Eisbergs.

Bei den wichtigen Erkenntnissen sieht die Wissenschaft dann doch eher weg, im Falle dessen, dass eine Erkenntnis dem Ganzen einen Strich durch die Rechnung macht.

Wie vielen Menschen ist das so genannte Doppelspalt-experiment ein Begriff? Wohl nur ganz wenigen, aber den Wissenschaftlern ganz bestimmt. Um es kurz zu sagen: Dieses wissenschaftliche Experiment zeigt, dass die kleinsten Teilchen eigentümliche Sachen machen, genau in dem Augenblick, wo der Mensch zuschaut. In dem Moment, wo Messgeräte die Eigenschaften kleinster Teilchen ergründen wollen, machen die kleinsten Teilchen etwas anderes, als sie es unbeäugt getan hätten. Nicht nur das: Kleinste Teilchen ändern sogar ihr Verhalten in der Vergangenheit, wenn Messgeräte ihr Verhalten überwachen, oder klauen sich Energie aus der Zukunft, die sie eigentlich erst zu einem späteren Zeitpunkt hätten. Die Wissenschaft popularisiert diese Erkenntnis nicht, weil sie diese derzeit nicht begründen kann.

Und um es vorweg zu sagen: Es handelt sich dabei nicht um einen Gottesbeweis.

Die Lösung des Disputs zwischen Wissenschaft und gläubigen Menschen ist eine wichtige Aufgabe, wenn nicht sogar die wichtigste Aufgabe, die wir uns als Mensch machen können. Denn die Lösung dieser Aufgabe mag die einzige Chance bieten, die uns in eine schöne Zukunft führt.

Die Dynamik der Masse führt zu Erfindungen. Eine Erfindung zieht die andere nach sich. Ebenso verhält es sich mit der artverwandten Erkenntnis: Eine Erkenntnis bietet den Grundstein – und die Anregung – für eine neue Erkenntnis. Und erkannt, wie destruktive Erfindungen funktionieren, haben wir bereits. Eine Diskussion über eine Selbstzerstörung, ob sie möglich oder wahrscheinlich ist, müssen wir gar nicht mehr führen, denn allzu oft standen wir bereits an der sprichwörtlichen Klippe. Und an dieser Stelle mache ich mir bewusst, was ein Herr Stanislaw Petrow im Jahre 1983 leistete: Als das russische Frühwarnsystem gegen Atomraketen einen technischen Fehler auslöste, verhielt sich der diensthabende Offizier Stanislaw Petrow massiv gegen die Vorschriften. Er war selbst der Ansicht, dass das einen Atomangriff anzeigende Frühwarnsystem einen Fehler haben musste, obwohl mehrfach startende Atomraketen angezeigt wurden, und er seinen Vorgesetzten aus dem Schlaf hätte reißen müssen, wodurch wahrscheinlich die Befehlskette und ein Atomkrieg ausgelöst worden wären.

Dieses Ereignis hätte mit 5.000 Atomsprengköpfen ca. 1 Milliarden Tote und ein weltweites Disaster nach sich gezogen.

Solche Themen machen wir uns nicht zu Themen des Alltags. Kein Mensch macht sich Gedanken über die Eigenarten eines Doppelspaltexperiments, kein Geschichtsunterricht beinhaltet vordergründig das, was beispielsweise 1983 rund um diesen Offizier Petrow passierte.

Dass Nelson Piquet 1983 zum zweiten Mal Formel-1-Welmeister wurde, behalten wir eher im Gedächtnis.

Missmutig auf die Zukunft zu schauen, wäre das schlechteste, was wir machen können.

Die einzige Chance, die sich bietet, ist, auf Grundlage einer gemeinsamen Gesinnung Dinge zukünftig besser zu machen und uns selbst besser zu verstehen. Und wenn wir uns selbst verstehen wollen, so genügt es womöglich nicht, in Museen auf die DNS von Steinzeitmenschen alleinig zu schauen oder sonstige wissenschaftliche Erkenntnisse zu erlernen. Ein schönes Beispiel einer Sichtweise lässt sich wiederum schon in der Neuen Welt betrachten, bei indianischen Stämmen, die ebenso Ihrem Gottesverlangen – oder Ihrer Gotteserkenntnis - Ausdruck verliehen. Dass die uns aus Westernfilmen bekannten *„Ewigen Jagdgründe"* eigentlich *„Glückliche Jagdgründe"* waren, ändert nichts an der Tatsache, dass die Indianer an ein Leben nach dem Tot - und im Falle der Cheyenne an eine Lösung vom Körper - glaubten, bei dem die Seelen über die *„Hängende Straße"* wanderten (*Hängende Straße = Milchstraße*).

Wenn ich mir nun vorstelle, dass ich diese Zeilen nicht zu heutigen Zeitpunkt in Europa, sondern vor 3.000 Jahren in Amerika aufschreiben würde, inmitten der Prärie, als kleiner Indianersohn, eben genau so, wie man es sich in Cowboyfilmen vorstellt, so würde ich zu diesem Zeitpunkt nichts über eine heutige Weltreligion schreiben. Nehmen wir an, nicht ich würde diese Zeilen schreiben, sondern der kleine Häuptlingssohn *Achak*, der zwar nicht des Schreibens mächtig war, aber all seine Ideen in seinen Gedanken zu einem Buch formte. Achak machte sich seine Gedanken über die Menschen, und warum die Menschen auf die Idee kamen, so große Pyramiden zu bauen. So große Pyramiden machten doch eigentlich keinen Sinn. Wenn man nach dem Ableben in den Weiten der Milchstraße wanderte, wozu brauchte man dann so große Bauwerke? Als seine eigene Oma nicht mehr stark und rüstig genug war, um mit dem Stamm durch die Weiten der Prärie zu ziehen, wurde sie zurück gelassen. Oma hatte keine große Pyramide, sondern nur einen Sack mit den nötigsten Dingen, die Sie zum Ableben in der Natur brauchte. Als wir Oma zurück ließen, war ich traurig. Und meine Mutter erklärte mir, dass es Oma gut gehen würde, wenn wir sie in der Natur zurücklassen würden. Als wir weiter zogen, schaute ich zurück und sah Oma in die Augen, wie sie da stand, in Sicherheit dessen, dass sie ohne die Fähigkeit, selbst für Ihre Ernährung zu sorgen, bald in den Himmel kommen und durch die Weiten der Sterne ziehen würde.

Ich, der Achak, machte mir Gedanken, ob alle Menschen, die es gibt, sich in der Milchstraße wieder treffen würden. Denn die, die man lieb hat, möchte man doch nicht missen? Und da unser Bewusstsein nun mal da - und offenbar nicht an den Körper gebunden - ist, so mag es ja wirklich sein, dass es so etwas wie einen Himmel gibt. Ich glaube daran, dass Oma, die wir zurück gelassen haben, bald oben am Sternenhimmel wandert, glücklich ist und auf uns herab blickt.

Achak war ein lieber, kleiner Junge. Er machte sich ganz viele Gedanken darüber, ob alle Menschen überall glücklich sind. Und ihm war es wichtig, dass alle Menschen auch daran glauben, dass wir nach der Zeit auf dieser Welt in der Milchstraße wandern. Achak hatte davon gehört, dass andere Indianerstämme andere Vorstellungen vom Leben und vom Glauben haben. Das konnte er nicht verstehen. Also fragte er seinen Vater, den Häuptling, ob nun Ihr eigener Glaube oder der anderer Indianerstämme der richtige sei. Und der Vater antwortete: „Mein lieber Sohn, alles, was ich Dir mit Gewissheit sagen kann, ist, dass Du, ich und Oma - sowie alle anderen Lebewesen auf der Welt - etwas ganz besonderes sind. Es ist ein großes Wunder, dass wir so leben, wie wir leben. Und das wichtigste ist, dass wir der Gabe des Lebens unsere Dankbarkeit schenken, und das verbreiten, was man Liebe nennt."

Wenn wir mit unserem geistigen Auge diese Szene des Achak und seines Vaters betrachten und uns wirklich vorstellen, dass dieses gerade vor 3.000 Jahren stattfindet, und uns im gleichen Moment die Frage stellen, ob unser eigener, heutiger Glaube der einzige und der richtige ist, so werden wir zu der Erkenntnis kommen müssen, dass es unseren Glauben gerade – also zum Zeitpunkt des Achak - noch gar nicht gibt. Und das, was es noch gar nicht gibt, kann auch schwerlich der einzige, wahre Glaube sein, weil Menschen ihn in der Vergangenheit ja gar nicht hätten leben können.

Die Cheyenne-Indianer waren zum damaligen Zeitpunkt vom Göttlichen beseelt, aber viele der heutigen Weltreligionen gab es damals noch nicht.

Wenn wir heutzutage darauf pochen, dass unser eigener Glaube der einzig richtige sei, so zeigt doch diese zeitverschobene Anekdote, dass das Pochen auf einen Glauben offenbar wenig Sinn machen kann.

Und im gleichen Zuge, wo ich dieses äußere, empfinde ich selbst das Göttliche, das Wundervolle, das, was sich nicht mit Wissenschaftlichkeit beschreiben lässt. Die Vielzahl an Glaubensrichtungen, die im Wesen das Gute in sich führen, die Liebe, den guten Umgang zwischen Menschen, ist ein Zeugnis des Göttlichen. Je mehr Bestrebung es nach Glauben und Spiritualität gibt, desto mehr bestärkt sich stochastisch, dass die Vielzahl an Gottesgefühlen über so viele Jahrtausende das Leben des Göttlichen nahelegt.

Und wer stattdessen alleinig die Evolutionstheorie als real empfindet, der wird zumindest auch zur Kenntnis nehmen müssen, dass sich Menschen zum Beispiel uneigennützig um Tiere kümmern, dass es Tierschutzvereine gibt, dass wir traurig sind, wenn ein Reh auf der Straße überfahren wird, oder dass wir zu Tausenden wegen Tierversuchen auf die Straße gehen und protestieren. Diese Regungen des Menschen entsprechen nicht *Survival of the Fittest*, oder das *Survival of the Fittest* kehrt sich mit der Zeit ins Gute. Und dann ist es schwer, dieses Gute einer rein materiellen Instanz zuzuschreiben, in wissenschaftlicher Form. Dann scheint etwas zu greifen, was immateriell ist: Die uneigennützige Liebe.

Der Streit zwischen der Wissenschaft und Kreationisten

Ich beschaute mir die Diskussion zwischen Wissenschaftler Richard Dawkins und Wendy Wright. Dawkins vertrat die wissenschaftliche Meinung, dass das Leben aus der Evolution hervorgegangen sei, also im darwinistischen Sinne. Wendy Wright widersprach seiner Auffassung grundsätzlich. Sie ist eine Kreationistin, die an die Schöpfung des Menschen durch Gott glaubt und alle paläontologischen Beweise wie Fossilien als nichtig ansieht. Die Diskussion uferte aus. Dawkins verwies immer wieder auf die fossilen Beweise, die in Museen zu sehen seien und die Frau Wright sich einfach doch mal anschauen solle. Diese verweigerte jedoch jegliche Beweisaufnahme und plädierte dafür, dass sowohl die wissenschaftliche als auch die kreationistische Auffassung zu respektieren seien, und beide Auffassungen auch an Schulen gelehrt werden sollten.
Wenn ich mir vor fünf Jahren diese Diskussion angesehen hätte, so hätte ich alleinig Dawkins Recht gegeben, weil er sowohl eine wissenschaftliche Auffassung vertritt als auch offen für andere Ansichten ist, sofern sie sich untermauern lassen. Wendy Wright

hätte ich als verbohrt eingestuft, weil sie einerseits keine wissenschaftlichen Beweise zulässt und ausschließlich auf die – von Menschenhand geschriebene - Bibel verweist.

Zwar argumentiert Wendy Wright auch pseudowissenschaftlich, indem sie auf die DNS deutet, die bei jedem Menschen unterschiedlich ist und ja auch bei kriminellen Ermittlungen eingesetzt würde. Aber diese Mannigfaltigkeit der DNS steht ja in keinem Widerspruch zur klassischen Wissenschaft.

Zudem behauptete sie, dass es keinen Beweis dafür gäbe, dass aus einer Art eine andere hervorgegangen sei. Fossilien zeigten nur das Abbild einer Art, keinesfalls aber den Übergang einer Art in die andere.

Das ganze Interview war ein Schlagabtausch, in dem das Wort „Evidence" – also „Beweis" – ertönte.

Und wenn man das Wort *Beweis* als ein Konstrukt erachtet, das vom Menschen geschaffen ist, so müsste man die besagte Diskussion von Richard Dawkins und Wendy Wright in ein anderes Licht setzen.

Die Wissenschaft beschreibt die Natur, sie findet physikalische Formeln, mit denen sich z.B. mechanische Vorgänge beschreiben lassen. Aber sind physikalische Formeln das, was man als „Beweis" einstufen würde?

Wenn ein Maler eine realistische Landschaft malt, so imitiert er das, was er sieht, mit Farbklecksen. Und wenn dieser Maler das richtig gut kann, dann erhält man im Bild den gleichen Anblick wie bei der Sicht auf die Landschaft, die Natur, die er als Vorlage genutzt hatte. Aber würde man das Bild als Beweis gelten lassen, dass die Natur so ist, wie sie auf dem gemalten Bild abgebildet wurde?

Wenn ein Fotograf in der Wüste einen See fotografiert und das Foto einem anderen Menschen zeigt, ist dieses Abbild ein Beweis dafür, dass es dort einen See gab, oder mag es sich um eine Fatamorgana gehandelt haben, um eine Lichtspiegelung, die wie ein See aussieht, was ja gar nicht so unwahrscheinlich wäre?

Wenn man mit Beschleunigungsformeln denn Fall eines Apfels auf den Boden beschreiben kann und exakt heraus bekommt, wann der Apfel wo während des Fallens ist, hat man dann einen Beweis geschaffen? Oder nur eine Berechnungsweise, wie anzunehmen ist, dass der Apfel wohl fällt?

Wissenschaftliche Formeln beschreiben Dinge in der Natur, und weil die „Welt zum Anfassen" sehr verlässlich ist, sehen wir Formeln – als Abbildung und Beschreibung der Natur – als eine Art Beweis.

Wenn nun - im Falle der Diskussion von Richard Dawkins und Wendy Wright – Herr Dawkins so argumentiert, dass die Vielzahl an DNS-Proben von Fossilien – gepaart mit deren Zeitbestimmung und Reihenfolge – einen Beweis bieten, dass die Evolution so stattgefunden hat, wie es die klassische Wissenschaft darstellt, so erhebt sich doch die Frage, ob es sich dabei nicht wirklich nur um eine Vielzahl von guten Indizien handelt, und nicht um einen Beweis?

Die Natur - genau gesagt der Weltraum ohne Leben - kennt das Wort und die Bedeutung des Worts „Beweis" nicht. Zwar enthält – entsprechend des *Zuckerwürfelexperiments* – jeder Felsblock ein Abbild des Worts „Beweis", aber ohne die menschengemachte Sprache und die Erkenntnis ist das, was wir als „Beweis" bezeichnen, nicht existent. Das Wort und die Bedeutung „Beweis" sind ein Konstrukt des Menschen, eine Verfahrensweise, die den gesellschaftlichen Umgang unterstützt: In der Wissenschaft, in der Justiz und im direkten Dialog zwischen Menschen.

Richard Dawkins sprach davon, dass Beweise in Museen stehen, und dass es so was wie tausende von DNS-Tests gibt, die den Verlauf der Evolution – im darwinistischen Sinne – aufzeigen. Aber stellt sich nicht wirklich die Frage, ob die tausenden von

DNS-Tests eigentlich tausende gute Indizien sind?
Ich klinge jetzt wahrscheinlich ein wenig wie Wendy Wright. Aber ist es nicht so, dass die Wissenschaft ausschließlich Dinge beschreibt, mit Formeln, Abbildern oder Gegenständen, anstatt diese zu beweisen?
Und natürlich legt die Vielzahl an wissenschaftlichen Indizien nahe, dass es sich um die „Wahrheit" handelt.
Betrachten wir uns die Formeln Newtons zum Thema Gravitation, so müssen wir ja auch einräumen, dass diese zur Gänze nicht richtig sind, wenn auch alltagstauglich.
Und betrachten wir uns das Beispiel des Sees in der Wüste, so könnte man sich ja vorstellen, dass einst Tausende von Menschen eine Wanderung durch die Wüste machten und einen See in der Ferne sahen. Und als die tausenden Menschen nach Hause kamen, so sprachen sie gegenüber Ihren Ehefrauen von einem großen See in der Wüste. Und wenn die Ehefrau zuhause nun sagte: „Du hast wieder Gespenster gesehen", so wird der Ehemann gesagt haben: „Schatz, ich habe den See nicht alleine gesehen, sondern tausende Andere mit mir, es gibt tausende Beweise". Und womöglich ließ die Ehefrau das als Beweis gelten, denn Tausende von Männern werden ja nicht gleichzeitig geirrt haben. Und so schlief die Ehefrau ein, träumte von Seen in der Wüste, die ein Fotograf Jahrtausende später als Fatamorgana fotografierte.

Der Beweis, dass es keinen Beweis gibt

Der Beweis spielt in unserem Zusammenleben eine große Rolle, nicht nur, wenn der Ehepartner mit einem Nudelholz des Nachts an der Tür steht und den Heimkömmling fragt, wo er so lange war. Wenn man im Lexikon nach dem Begriff *Beweis* schaut, so wird der Begriff per Definition in die Einsatzfelder Mathematik, Logik und Rechtswesen unterteilt und dort weiter beschrieben.
Bewegen wir uns mit unserem geistigen Auge in die Weiten des Weltalls, also am besten an einen Ort, der vakuumleer ist, und fragen wir uns, ob es an diesem Ort so etwas wie das Wort *Beweis* gibt, so werden wir zu der Einsicht kommen, dass es im Vakuum, ohne Menschen und ohne sonstige materielle Dynamik, das Wort Beweis und dessen Verwendung nicht gibt.
Beweis ist etwas, was Menschen meinen zu begreifen, es aber auch gar nicht eindeutig beschreiben können. Innerhalb eines Regelwerks scheint ein *Beweis* recht gut zu funktionieren. Betrachtet man die Mathematik als ein Regelwerk, als ein System, so scheint die dortige Beweisführung unter Fachleuten zu funktionieren, ohne dass es größeren Streit gibt.
Geht es um einen wissenschaftlichen oder juristischen *Beweis*, so bewegt man sich schnell in einer Grauzone.
Ein Beweis erfordert mindestens die gewillte Einsicht eines anderen. Steht ein Mann vor Gericht, dem mit überzeugend vielen Beweisen eine Tat nachgewiesen wurde, so mag es sein, dass seine liebende Mutter die Beweise nicht als Beweise anerkennt, obwohl dutzende von Beweisen vorliegen und schlüssig die Tat nahelegen. Sie sagt vielleicht „Mein Sohn würde niemals so etwas tun", weil sie entweder von der Güte ihres Sohns überzeugt oder verblendet ist, so verblendet, dass ihr eigentlich jeglicher Beweis egal ist, weil sie ihre eigene Realität bestimmt, in der es keinen schlechten Sohn gibt und geben wird.

Wenn in der Diskussion über die Wirklichkeit der Evolution zwischen Richard Dawkins und Wendy Wright nun offenbar das Wort „Beweis" einen Schlüssel darstellt, so ist es interessant, sich die gegenseitige Beweisführung zu beschauen.

Dawkins plädiert damit, dass es körperliche Beweise gibt, also Fossilien, deren DNS und darüber hinaus die schlüssige Deutung dieser körperlichen Beweise, also wohl so etwas wie Tausende von DNS-Analysen, bei denen offenbar leichte Unterschiede in den DNS zu verzeichnen sind, was auf einen Verlauf hinweist und was er - und viele andere Wissenschaftler – als Evolution deuten. Wright benutzt eine Killerphrase, indem sie sagt, dass es zwar viele DNS gibt, es aber keinen Beweis gäbe, der den Übergang von einer Art in die andere aufzeige.

Dieses Argument scheint ja auch geschickt gewählt, denn fossile Beweise zeigen ja eine Momentaufnahme, d.h. da ist ein Knochen, der Knochen hat eine DNS, und zu dem Knochen lässt sich ein Zeitpunkt bestimmen, leider auch nur, wenn man den Methoden der Zeitbestimmung traut.

Ist es nicht so, dass die Beweisführung des Richard Dawkins so etwas wie eine Vielzahl von hervorragenden Indizien ist? Ich möchte das nicht abwerten, aber der Nachweis der Evolutionstheorie ist doch so etwas wie eine Vielzahl toller, beeindruckender Indizien? Wahrscheinlich sind es sogar Tausende von Indizien, die die Evolutionstheorie nahelegen.

Wendy Wright ist sich bewusst, dass Dinge aus der Vergangenheit nicht mehr dynamisch sind, und somit ein Übergang einer Art in eine andere nicht nachweisbar ist.

Es wäre interessant zu verfolgen, was geschehen würde, wenn die Wissenschaft wirklich aus einer alten DNS einen *Jurassic Park* erschafft, in dem man dann sehen kann, wie sich Dinosaurier fortpflanzen und ggf. eine neue Art entsteht.

Ein Beweis ist das, was ich selbst als ein *Konstrukt* bezeichnen würde.

Konstrukte

Der Begriff „Beweis" zeigt, wie wenig eindeutig etwas, was uns allen logisch erscheint, sein kann. Der Videobeweis, dass der griechische Finanzminister einen Stinkefinger in die Kamera gezeigt haben soll, war womöglich ein Fake. Ein Filmbeweis, der vor Jahrzehnten noch als eindeutiger Nachweis erachtet wurde, ist heutzutage eher nichtig. Mit Hilfe von Filmtechnik lässt sich fast jede Illusion erschaffen.

„Beweis" ist ein Begriff, der etwas Immaterielles beschreibt. Im Vakuum des Universums existiert der Begriff nicht. Wenn man sich Einzeller beschaut, so ist davon auszugehen, dass diese auch nicht ein Bewusstsein für den Begriff *Beweis* haben oder diesen einsetzen.

Der Begriff *Beweis* ist ein Konstrukt, nämlich etwas, was von einem lebenden Wesen beschrieben und eingesetzt wird. Und da diese Begrifflichkeit ohne das lebende Wesen nicht existent ist, ist es auch nur das lebende Wesen, was die Begrifflichkeit beschreibt, bzw. definiert.

Der Begriff *Beweis* mag auch in der Tierwelt gelebt werden: Wenn eine Biene eine schöne Blume entdeckt hat, zurück zum Bienenstock fliegt und mittels des *Schwänzeltanzes* ihren Kollegen erklärt, wo sich die Blume befindet, so ist diese Darstellung für die anderen Bienen womöglich so etwas wie ein *Beweis*, dass sich die Blume am besagten Ort befindet. In diesem Falle würden ein Tier und der Mensch das gleiche Konstrukt benutzen.

Die Bezeichnung körperlicher Dinge scheint ja eher eindeutig: Wenn der Mensch eine Straße baut, so gibt es über die Bezeichnung und das Wesen der Straße wenig Streit. Was eine Straße ist, wissen wir Menschen recht genau. Zwar gibt es Straßen aus unterschiedlichen Materialien, mit unterschiedlichen Geschwindigkeitsvorschriften, aber was eine Straße ist, erlernt der werdende Mensch sehr schnell. Auch Tiere haben ein Bewusstsein für körperliche Dinge, insbesondere für Straßen. Unser Dorfhund weiß exakt, auf welcher Straßenseite er zu laufen hat, wenn er durch die Gegend streunt, und unser Dorfkater weiß, dass wir mit unseren schnellen Autos anhalten müssen, wenn er meint, über die Straße gehen zu müssen. Immer wenn ich in die Bremsen steige und diesem Kater in die Augen schaue, wenn er gemächlich über die Straße schreitet, während meine 276 PS nur darauf warten, wieder beschleunigen zu dürfen, meine ich zu erkennen, dass der Kater dieses Spiel verstanden hat. Er denkt sich „Du musst anhalten, Bursche!".

Diese Anekdote legt nahe, dass der Kater nicht nur den materiellen Begriff *Straße* erkannt hat, sondern auch das Wesen des Begriffs *Verkehrsregel*. Und die *Verkehrsregel* ist ganz sicher so etwas wie ein Konstrukt, etwas Immaterielles.

So gesehen scheint es zwei Kategorien von Begriffen zu geben: Die einen, die etwas Materielles beschreiben, und solche, die etwas Immaterielles definieren.

Und in dem Augenblick, wo etwas Immaterielles eine Beschreibung erlangt und im Bewusstsein lebender Wesen ist, so stellt sich die kategorische Frage, ob sich Immaterielles überhaupt beschreiben lässt, oder ob in dem Augenblick, wo wir Immaterielles beschreiben, sich nicht schon ein dramatischer Fehler einschleicht?

Und genau diesen Sachverhalt scheint Wendy Wright erkannt zu haben. Sie weiß, wenn Sie vom Begriff *Beweis* spricht, dass dieser immateriell ist. Oder andersrum und kurz gesagt: Der Begriff ist dehnbar, er bedarf einer Definition, die wiederum von Menschenhand geschrieben ist – oder noch schlimmer – von verschiedenen Menschen unterschiedlich geschrieben wird.

Insofern ist ein Konsens in der Diskussion um die Evolutionstheorie Opfer von Begrifflichkeiten.

Die Abrenzung von das Universum beschreibenden Wörtern und Konstrukten

Sprache ist etwas, was das Leben – so auch wir – verwendet.
Konstrukte sind Begriffe, die menschengemacht sind und sich in dem, was uns umgibt, materiell nicht wiederfinden.
Konstrukte von *dingebeschreibenden Begriffen* abzugrenzen, ist schwer. Und hinter dieser Abgrenzung von Begriffen mag sich auch etwas verbergen, wodurch wir das Universum besser verstehen mögen.
Wenn wir über eine *Straße* sprechen, scheint Klarheit zu herrschen: Sie wissen, was eine Straße ist, ich weiß es, und der Dorfhund und der Straßenkater auch. Da ist ein Begriff, da ist offenbar eine Anordnung von Atomen und Molekülen, der Begriff und die beschriebene Masse haben für uns eine verständliche Zuordnung.
Der Begriff *Licht* ist offenbar auch kein Konstrukt. Zwar weiß selbst die Wissenschaft nicht genau, was es ist, ob ein Teilchen oder eine Welle, oder beides, oder manchmal das eine und manchmal das andere, aber die Wissenschaft ist sich einig, dass Licht etwas ist, was sich in dem befindet, was uns umgibt.
Betrachten wir uns den Begriff *Kreis*, so handelt es sich dabei ja auch um eine Sache aus unserer Umwelt, oder?
Was hat es eigentlich mit dem Kreis auf sich?
Wenn ein Kind in der Schule einen Zirkel nimmt und einen Kreis auf ein Blatt zeichnet, so ist das Graphit auf dem Papier und stellt einen Kreis dar. Vorhanden ist aber nur das Graphit, eine ungeordnete Fläche. Was ein Kreis ist, beschreibt die Hilfswissenschaft *Mathematik* ja sehr genau, und mit der *Kreiszahl* kann man ja auch hervorragende Dinge anstellen.
In dem, was uns umgibt, existiert materiell wohl aber kein Kreis. Zwar werden Planeten fast kreisrund, und ein Wassertropfen

formt sich wegen seiner Oberflächenspannung kreisähnlich. Einen absoluten Kreis, der bis ins kleinste eine Rundung aufweist, gibt es in der Natur aber wohl nicht.

Der *Kreis* ist ein Konstrukt, etwas, was materiell nicht vorhanden sein kann, stattdessen ein Gedanke des Menschen, ebenso wie eine *Kugel*. Etwas Kreisähnliches lässt sich zudem auch durch eine Summenformel von ebenen Dreiecken beschreiben. Eder kennt jeder Mensch, Tetraeder, Oktaeder. Alles Kreisähnliche läßt sich geometrisch sehr schön in Dreiecke aufgliedern.

Sprache ist bei der Ergründung des Universums ein wesentlicher Punkt.

Denn wenn Krauss von dem *Nichts* und von *Naturgesetzen* spricht, so fallen diese Begriffe offenbar beide in den Bereich der *Konstrukte*. Und wenn ich Herrn Krauss sprichwörtlich so richtig auf den Pott setzen möchte, dann gilt es, diese Begriffe ganz genau einzukreisen. Oder andersrum: Wenn es so wäre, dass das *Nichts* die Abwesenheit dessen, was uns umgibt, wäre, sprich so etwas wie Masselosigkeit, Energielosigkeit und Zeitlosigkeit, stattdessen ein *Naturgesetz* etwas, was mindestens aus Masse, Energie oder Zeit bestünde, dann würde der wissenschaftliche Nachweis des „Universe from Nothing" die Initiierung des Universums beweisen. Denn dann würde es sich bei beiden wichtigen Begriffen um Dinge handeln, die wir der Natur beimessen.

Und wenn die Initiierung des Universums gleichbedeutend einer Schöpfung wäre, dann hätte sich Herr Krauss sehr amüsant sprichwörtlich ins Knie geschossen, weil er dann – mit seinem atheistischen, wissenschaftlichen Treiben das Gegenteil dessen bewiesen hätte, was er ursprünglich vorhatte.

Die Betrachtung, wie *Nichts* und *Naturgesetz* sprachlich einzuordnen sind

Die Begriffe *Nichts* und *Naturgesetz* sind demnach von entscheidender Bedeutung, ob ein wissenschaftlicher Nachweis, dass das Universum nach Regeln von *Naturgesetzen* - ersatzweise *Physikalischen Gesetzen* – aus dem Nichts entstanden sei, gleichzeitig nachweist, dass es eine Initiierende Instanz für das Universum gegeben haben muss.

Das *Nichts* mag nach Worten Krauss' etwas sein, was durchaus so etwas wie Substanz hat oder zumindest Gravitation bewirkt, da in der Abwesenheit von allem sich etwas verbergen mag.

Dieser Umstand macht die Betrachtung nicht einfacher.

Aber unabhängig dessen, ob das *Nichts* beispielsweise die Abwesenheit von Raum, Zeit und Masse ist, oder ein anderes Wesen hat: Das *Nichts*, von dem Krauss offenbar spricht, scheint im Entstehen des Universums dem zuzuordnen zu sein, was uns umgibt, womit der Begriff *Nichts* dann kein *Konstrukt* wäre.

Beim Begriff *Naturgesetz* oder *Physikalisches Gesetz* wird die Deutung schwieriger.

Schaut man sich den Begriff in Lexika an, so beschreibt die Definition eher dessen Anwendung, nicht aber dessen Wesen.

Innerhalb eines *physikalischen Systems* werden vom Menschen *Physikalische Gesetze* angewendet. Diese Deutung hilft nicht recht weiter. Die Definition des Begriffs *Physikalisches Gesetz* wurde vom Menschen erschaffen, einem Lebewesen, das Teil des Universums ist. Die zentrale Frage lautet, ob *Physikalisches Gesetz* ein *Konstrukt* ist, oder nicht.

Ist ein *Physikalisches Gesetz* etwas, was uns umgibt?

Wenn es uns umgibt, ist es Teil des Universums?

Und wenn es uns umgibt, wie ist es manifestiert?

Denn wenn ein *Physikalisches Gesetz* kein Konstrukt wäre, so müsste es ja dem zuzuordnen sein, was uns umgibt.

Wenn wir uns dieser Antwort schlüssig nähern können, so wäre in Reichweite, dass ein wissenschaftlicher Nachweis des „Universe from Nothing" gleichzeitig ein „Universe from Something" nachweist.

Nicht nur die Größe ist entscheidend

Wenn wir uns das Universum beschauen, so ist es offenbar unbeschreiblich groß. Allein die Milchstraße - die Galaxie, in der wir leben - umfasst 100 Milliarden Sterne mit zusätzlichen Planeten. Für mich wäre die Milchstraße schon groß genug, um ein Universum auszufüllen. Gemessen wird im Universum vornehmlich mit der Maßeinheit *Lichtjahre*. So hat die Milchstraße einen ungefähren Durchmesser von 100.000 Lichtjahren. So lange, wie es uns, den *Homo Sapiens* gibt, konnte das Licht also einmal quer durch die Milchstraße schießen und seinen Weg wieder zurück finden. Nun ist es aber so, dass die Milchstraße keineswegs das Universum ausfüllt. Neben ihr gibt es wiederum 100 Milliarden Galaxien, und das auch ausschließlich im sichtbaren Teil des Universums.

Können wir uns eigentlich vorstellen, wie groß das Universum ist? Passt das Universum in unseren Kopf? Wenn ich derart große Zahlen höre, so bin ich fasziniert. Ein so großes Universum bietet die Chance, dass da viel ist, was interessant sein könnte. Andere, irdische große Dinge finde ich ebenso schon sehr interessant. Dass der *Burj Khalifa* in Dubai, das derzeit größte Gebäude der Welt, mit seinen 163 Stockwerken 828 Meter hoch ist, ist ein Wunder der Technik und auch der Wissenschaft, denn statisch musste beim Erbauen bestimmt so einiges berücksichtigt werden. Einst hatte ich selbst das Vergnügen, vor diesem Turm zu stehen. Wenn man zu ihm aufschaut, so denkt man, dass der Turm irreal sei, weil man den optischen Eindruck gar nicht so recht begreifen kann. Zudem mag man sich ja vorstellen, die Spitze des Turmes zu Fuß zu erklimmen, oder zumindest die Treppenstufen hoch zu laufen, anstatt mit einem Fahrstuhl die Aussicht zu genießen. So einen Aufstieg zu Fuß stelle ich mir wie eine Tortur vor. Er dauert bestimmt drei Stunden.

Wenn ein *Mammutbaum* circa 100 Meter hoch ist, so passt dieser übergroße Baum circa acht Mal in den *Burj Khalifa*, und wenn dieser große Turm circa eine halbe Meile hoch ist, so würden 2.000 Türme in das Vereinigte Königreich passen und – aneinander gelegt – von *Eastbourne* bis nach *John o' Groats* reichen.

Wobei diese Vorstellung nun auch wieder eigentümlich ist: Nur 2.000 solcher Türme, vom Süden bis nach Norden der britannischen Hauptinsel? Ist der Turm nun so groß, oder Großbritannien so klein? Was nun wirklich groß oder klein ist, liegt das im Auge des Betrachters?

Manchmal können aber auch kleine Dinge einen großen Einfluss auf die Welt und das Universum haben. Die Prinzessin auf der Erbse fühlte sich im Schlaf gestört, nur weil eine kleine Erbse unter einer Vielzahl von Matratzen lag. Für den Genuss des Schlafes war diese Erbse aber so etwas wie ein Universum, eben der Auslöser, warum der so wichtige Schlaf nicht funktionierte.

Vielleicht müssen wir uns mit unserem geistigen Auge einfach nochmal vor den *Burj-Khalifa*-Turm stellen und die vorherigen Gedanken fortführen, wenn wir etwas über die Größe des

Universums mutmaßen wollen.

Der Turm ist letztendlich doch so groß, weil wir uns vorstellen, dass wir zu Fuß da hoch laufen müssten. Ein Aufstieg zu Fuß würde uns extrem verausgaben. Die Kenntnis, dass der Turm 828 Meter hoch ist, lässt uns wissen, dass wir selbst – als Mensch – gut 400 Mal in den Turm passen. Zudem kann man in dem Turm Geschosse sehen, und mit einem Geschoss verbinden wir, eben da mit unserem Körper durchlaufen zu können. Was wäre aber nun, wenn der *Burj Khalifa* keine Fenster hätte, sondern stattdessen eine Edelstahlfassade?

Wir würden zu ihm aufsehen und eine Skulptur erblicken, dessen Größe wir nicht einschätzen könnten, weil wir keinen Vergleich hätten, ein wenig wie Godzilla, der als Miniaturpuppe durch die Modelleisenbahnlandschaft läuft.

Der menschliche Körper ist die einzig verlässliche Größe. An unserem Körper machen wir Dinge und deren Größe fest, auch beim Thema Universum. Wir wissen, wie lange es dauern würde, von *Eastbourne* nach *John o' Groats* zu laufen, mit unserem Körper. Wir setzen unseren Körper ins Verhältnis zum Planeten Erde. Wir sitzen im Flugzeug und wissen, dass in ihm 40 Menschen hintereinander sitzen. Die Geschwindigkeit des Flugzeugs können wir einschätzen, weil wir wissen, wie schnell wir mit dem menschlichen Körper laufen können, und unser geistiges Auge sieht das Flugzeug am Himmel, wie es sich an uns vorbei bewegt. Nur die Relation zum Körper ist das, was Größe ausmacht.

Umgekehrt: Was wäre, wenn wir kein Körperempfinden hätten? Angenommen, wir könnten sehen, hätten aber keinen Körper?

Dann wüssten wir erstens nicht, wie groß unser eigener Körper ist, und noch weniger, wie groß andere Dinge sind.

Zwar wüssten wir auch dann, dass acht *Mammutbäume* in den *Burj Khalifa* passen, und 2.000 Türme von *Eastbourne* in den Norden Großbritanniens reichen. Die absolute Größe würden wir nicht wahrnehmen können, weil wir von keinem Objekt die eigentliche Größe wüssten.

Und wenn wir keine Größe wahrnehmen könnten, so könnten wir auch nicht behaupten, dass das Universum groß sei.

Gut, man könnte ja behaupten und ausrechnen, wie viele Atome es im Universum geben mag. Aber die Anzahl der Atome hat uns eigentlich nie so recht interessiert. Die Erbse, auf der die Prinzessin nicht zum Schlaf findet, empfinden wir ja auch als klein, obwohl sie über Triliarden von Atomen verfügt.

Wenn wir Menschen über die *Absolute Größe* sprechen, so ist dieser Begriff nicht nur ein menschliches Konstrukt, sondern eine Bezeichnung, die in der Form nicht richtig ist.

Denn wenn wir alle Dinge in Bezug zu unserem Körper sehen, so kann es sich ja immer nur um eine *Relative Größe* handeln, nämlich die Größe im Vergleich zu uns.

Oder noch anders:

**Wenn es Größe nur wegen Körperbewusstsein gibt,
und Körperbewusstsein
ausschließlich mit dem Leben verbunden ist,
so hätte das Universum ohne das Leben zwar Größenrelationen,
aber keine Größe.**

Ob unser Universum also wirklich so unwahrscheinlich groß ist oder sich stattdessen im sprichwörtlichen Reagenzglas befindet, ist nicht auszumachen.

Gibt es Energie nur wegen unseres Körpers?

Die Überlegungen zur Größe lassen sich weiter führen. Wenn es so ist, dass Größe nur existiert, weil wir sie in den Bezug zum Körper setzen, dann sind Überlegungen zur Energie ja ebenso statthaft.

Wenn wir im Sommer auf einer Wiese liegen, und uns in der Sonne räkeln, dann juckt es uns am Rücken, wenn ein Käfer unter uns liegt. Der arme Käfer. Sein Tun im Millimeterbereich erwirkt auf unseren Körper einen großen Einfluss. Obwohl er so klein ist, hat seine Energie eine so enorme Auswirkung auf uns.

Wenn sich stattdessen in der Ferne eine Supernova ereignet, bei der Unmengen von Energie freigesetzt werden, nehmen wir das kaum war, genau genommen gar nicht.

Wie verhielte es sich mit der Energie, wenn wir kein Körperbewusstsein hätten?

Wenn vor unseren Augen eine Bombe detonieren würde, dann würde alles um uns herum fliegen, außer einem optischen Sinneseindruck würde es die Energie aber eigentlich nicht geben. Es wäre das Gleiche, wenn sich ein Käfer räkelt, eine Bombe detoniert oder eine Supernova in zehn Meter Entfernung vor uns stattfände.

Energie und *Absolute Größe*
**sind nur existent, wenn ein Körperbewusstsein existent ist.
Ein rein optischer Eindruck würde allein kein Verständnis darüber
erwirken.**

Körperbewusstsein

In den vorigen Kapiteln erwähne ich des Öfteren dieses Wort, und es mag so sein, dass *Energie* und *Absolute Größe* nur dann in unser Bewusstsein treten, wenn wir um die Größe unseres Körpers wissen und diesen auch als Körper empfinden.
Mit dem Begriff *Körper* ist in diesem Fall also auch wirklich dieser menschliche Körper gemeint, oder der Körper eines Rehs oder Krokodils.
Nun könnte man ja auch auf die Idee kommen, sich die Welt durch eine Kamera statt durch den Menschen beschauen zu lassen. Diese Kamera steht in der Wüste, registriert optisch das vor ihr Liegende und schreibt die Bilddaten auf einen Datenträger, oder auch gern klassisch – entsprechend einer alten, analogen Kamera – auf ein Zelluloidband.
Die optische Information, die eine Kamera speichert, ist dimensionslos. So kennen wir es ja auch von unseren privaten Fotoaufnahmen. Wenn ein Architekt einen Bauplan abfotografiert und das Foto an einen Mitarbeiter sendet, so muss auf dem Plan ein Maßstab vorhanden sein, um eine Größenrelation herzustellen.
Die Kamera, die in der Wüste steht und Fotos macht, verfügt ebenfalls über etwas Körperliches: Sie hat ein Gehäuse, mit Technik darin. Auch wenn die Kamera die Größe von Dingen nicht erkennen kann - also keine *Absolute Größe* wahrnimmt, wie oben beschrieben – so wird die Kamera hingegen von Energie beeinflusst. Wenn vor ihr eine Bombe explodiert, dann fliegt die Kamera weg. Der Grundsatz, dass Körperlichkeit auf Energie reagiert, bewahrheitet sich in diesem Fall ebenso.

Die größte Täuschung unseres Lebens

Die Größte Täuschung ist keineswegs die größte Enttäuschung unseres Lebens. Denn das, was uns täuscht, macht unser Leben keineswegs schlechter, sondern farbenfroher.
Ich erinnere mich an den *Goldfisch im Wasserglas*. Dieses Beispiel wird gern verwendet, um aufzuzeigen, wie ein Lebewesen dauergetäuscht sein kann. Der Fisch, der tagtäglich im Glas schwimmt, hat nie etwas anderes wahrgenommen als den Blick aus der gekrümmten Glasfläche, hinaus in die Welt, die wir selbst als real bezeichnen würden.
Der Goldfisch ist an die optische Dichte des Wassers gewöhnt.
Bis zum Rand des Wasserglas' sieht er scharf, aber da sich in der kleinen Glaskugel nichts außer ihm selbst und dem Wasser befinden, nimmt er das, was sich außerhalb der Kugel befindet, verzerrt wahr, da die Glaskugel einen Linseneffekt erwirkt.
Die Realität des Goldfischs ist bestimmt von dem, was er wahrnimmt und deutet. Die Realität des Goldfischs ist nicht bestimmt von dem, was ihn umgibt. Denn es umgibt den Fisch das Wasser, die Glaswand und der optische Eindruck des darum Liegenden. Das Wasser kann er fühlen, die Glaswand ebenso, wenn er ab und zu dagegen schwimmt. Sein optischer Eindruck ist das, was wir Menschen als *verzerrt* bezeichnen würden. Der Goldfisch sieht mindestens nicht das, was wir Menschen sehen. Menschen bewegen sich in einem größeren Umfeld, außerhalb des Wasserglases. Unsere Optische Erkenntnis scheint höher zu sein als die des Goldfischs.
Wir Menschen nehmen an, dass unsere Sinneseindrücke nicht getäuscht sind. Ungetäuscht zu leben, haben wir schon immer vermutet, auch damals, als wir glaubten, die Erde sei eine Scheibe und über uns ein Sternenzelt, was sich um uns bewegt. Wir Menschen sind jedoch durchaus bereit, unsere Meinungen

zu revidieren, wenn es neue wissenschaftliche Erkenntnisse gibt. Spätestens, als *Neil Amstrong* den ersten Schritt auf den Mond machte, war wohl klar, dass der Mond ein Trabant ist und sich um die Erde bewegt.

Der Mensch geht davon aus, dass die neueste, wissenschaftliche Erkenntnis so etwas wie die Wahrheit ist, obwohl die neueste wissenschaftliche Erkenntnis niemals wahr war. Unsere Sicht passen wir auf Erkenntnisse an, die wir als richtig erachten. Wir sehen das Universum so, wie es die Wissenschaft erklärt. Auch wenn es ca. 100 Milliarden Galaxien gibt, die wir nie gesehen haben, gehen wir davon aus, dass wir sie sehen würden, wenn wir an einen ganz anderen Punkt im Universum wären. Und es mag auch gut sein, dass das Universum so funktioniert, wie es die Wissenschaft beschreibt.

Also sind wir Menschen ja durchaus lernbereit. Wir sind bereit, eine neue Sicht auf die Dinge zu entwickeln, und dazu gibt es auch guten Grund, weil die Wissenschaft tugendhaft arbeitet: Sie zweifelt stetig an sich selbst, sie lässt Erkenntnisse erst zu, wenn sie in einem Versuch – oder besser vielen Versuchen – bestätigt worden sind.

Und genau vor diesem Hintergrund, dass wir Menschen die Tugend des Selbstzweifels haben, ist es ein unglaubliches Phänomen, dass der Mensch seit Tausenden von Jahren – bis in die hochtechnisierte Gegenwart reichend – einer unglaublich großen Täuschung unterliegt, diese genau genommen auch wissen müsste, sie aber komplett ausblendet.

Die Rede ist von der Täuschung der Farbe.

Auf der Welt gibt es derzeit circa 7,3 Milliarden Menschen, also ein Zehntel so viel, wie es Sterne in der Milchstraße gibt.

In fast allen Ländern gibt es eine mehr oder minder gute Schulbildung, und so viele Menschen sind klug und belesen, bis hin zu führenden, hochintelligenten Wissenschaftlern. Wir wandern durch die Natur, durch den Winter, der in so vielen

Weißtönen daher kommt, wir machen unsere Spaziergänge durch den Frühling und erfreuen uns der Mannigfaltigkeit aller Farben, die es ebenso im Sommer gibt, und selbst im Herbst, wo sich das Leben in der Natur zur Ruhe setzt, gibt es womöglich die schönsten Farben, all diese Braun- und Gelbtöne, die gespickt in den Wäldern ein optisch warmes Meer bilden.

Und wenn wir uns die wunderschönen Farben der Natur beschauen, so merken wir nicht, dass wir einer extrem großen Täuschung unterliegen. Wir verbinden die Natur, die uns umgibt, mit substanzieller Farbe, mit Farbsubstanzen, die sich innerhalb von Objekten befinden. Und eines ist sicher:

Das kann nur komplett falsch sein.

Es bedarf keines Wissenschaftlers, zu erklären, dass Farbe eine Deutung von Lichtwellen ist, die in das menschliche Auge eintreten. Die Evolution auf unserem Planeten kennt neun verschiedenen Typen von Augen, diese funktionieren deutlich unterschiedlich, aber wenn ein Lebewesen Farbe empfinden kann, so hat es ausschließlich damit zu tun, dass hoch- oder niederfrequentierte Lichtwellen in das Auge eintreten, und dass diese im Gehirn verarbeitet und gedeutet werden.

Das Witzige ist, dass diese Binsenweisheit auch praktisch jeder Mensch - vor allem der Wissenschaftler - weiß. Dass Lichtwellen die Farbe bewirken, wissen vielleicht so ca. 50%, also fast 4 Milliarden Menschen. Und trotzdem gehen Wissenschaftler am Wochenende mit ihrer Familie im Wald spazieren und erfreuen sich daran, dass es in der Natur so schöne Farben gibt.

Dass die Natur Auslöser für die schönen Farbeindrücke ist, sei ja unbestritten. Dass Licht, das von einer Tannennadel reflektiert wird, grün wirkt, ist aber in der Lichtwelle begründet und weist nicht darauf hin, dass sich in der Tannennadel substanziell *das Grüne* befindet. Und ich bin sicher, dass viele Menschen, die das hier lesen, erstaunt sind und sich denken, es wäre Stuss, was ich schreibe: Denn eine Tannennadel erscheint ja grün, und insbesondere, wenn die Tannennadel zweigeteilt wird, sieht sie von innen ja auch grün aus.

Wir schreiben in Biologiebüchern über Chlorophyll, den Farbstoff, der die Photosynthese bewirkt, und geht man in Hörsäle der Universitäten, in denen Kunst gelehrt wird, so lernen wir alles über *Substraktive Farbmischung*, also das Mischen von angeblich substanziellen Farbstoffen, z.B. wie aus Gelb und Blau ein Grün wird. Wir gehen in Geschäfte und kaufen uns Tuschkästen, oder fliegen nach Paris, um im Louvre die *Mona Lisa* zu beschauen, die *Leonardo Da Vinci* einst aus Farbstrichen zusammen setzte. Auch wissen wir um die Künstler des Impressionismus, die auf die Idee kamen, mit eher gekleksten Grundfarben optische Eindrücke zu schaffen, bei denen die Farbmischung im Gehirn stattfindet, statt auf der Palette.

Googelt man den Begriff *Farbe*, so erhält man 130 Millionen Einträge zum Thema.

Und was machen wir Menschen? Wir leben damit. Wir leben mit der Täuschung, dass es angeblich substanzielle Farbe gibt.

Stellen wir uns einen Raum vor, in dem sich das *Mona-Lisa-Gemälde* befindet, nicht nur die Mona Lisa, sondern rechts an der Wand noch 127 unerlaubte Mona-Lisa-Kopien aus China, zudem ist der Boden übersät von geöffneten Tuschkästen, und in Ihrer Hand haben Sie einen Schminkkasten von *Maybelline Jade*, zu dem Sie kurz vorher den Schminktipp im Fernsehen gesehen haben. Können Sie sich diesen Raum genau vorstellen? Alles in richtiger Reihenfolge, alles an richtiger Stelle?

Dann stellen Sie sich jetzt vor, der Raum hat keine Fenster, keine Tür und insbesondere keinen Lichtschalter. Sie stehen im Dunkeln. Welche Farbe haben die Objekte? Wo ist die Farbe hin? Ist sie im Tuschkasten noch vorhanden?

Prof. Dr. Zeilinger aus Wien – ein Spezialist für Quantenphysik – sagte einmal etwas über die Natur und Ihre Zutaten: Wenn in einem leckereren Hamburger Moleküle sind, die z.B. in Teilen aus Kohlenstoff bestehen, so könnte man die Kohlenstoffatome austauschen, und der Hamburger wäre immer noch exakt der gleiche.

Was Materie offenbar ist, können wir recht gut beschreiben, auch wenn die kleinen Teilchen komische Dinge tun. Ein Atom hat aber keine Farbe, ein Molekül auch nicht, und alles, was größer ist, ebenso wenig.

Dass wir Substanzen mit dem Farbbegriff in Verbindung bringen, ist ja generell nicht falsch. Bestimmte Stoffe haben Eigenschaften, Licht zu absorbieren oder Licht zu brechen. Und die Folge daraus ist, dass nur bestimmte Lichtwellen in unserem Auge landen, wenn wir uns ein Blatt in der Natur beschauen.

Die Farbe ist aber substanziell nicht in der Materie, sondern ein Lichtereignis.

Und genau diese falsche Auffassung haben wir, dass sich in der Materie die Farbe als Substanz befindet, wir, die Milliarden Erdbewohner.

Wenn wir uns stattdessen die Helligkeit beschauen, so ordnen wir diese komischerweise nicht der Materie zu. Helligkeit ist auch so etwas wie ein Lichtereignis. Grob hat die Helligkeit etwas damit zu tun, wie viel Licht im Auge landet. Und wenn wir uns einen Ast in der Natur beschauen, der uns braun erscheint, so ist dieser am Rand dunkler als an der Frontseite. Begründen lässt sich das einfach, weil am Rand des Asts das Licht eher nicht in unser Auge reflektiert wird, sondern stattdessen nach rechts und links. Das Licht an der Frontseite landet verstärkt in unserem Auge.

Mit diesem Sinneseindruck verbinden wir aber nicht, dass es sich um einen Ast handelt, der in seiner Substanz hell oder dunkel ist. Hell und Dunkel ordnen wir nicht einer Substanz zu, wohl aber Farbe.

Und wir leben mit dieser Farbtäuschung, obwohl jeder Siebtklässler weiß, dass Farbe ein Lichtereignis ist.

Verankert

Vielleicht ist unsere Einstellung zu Farbe auch genetisch mittlerweile verankert, weil der Urmensch – in Unkenntnis über Lichtstrahlung – natürlich davon ausgehen musste, dass Substanzen eine Farbigkeit haben, und sich diese stetige Information im Menschen manifestiert hat.
Die Farbinformation hat eine wichtige Bedeutung für den Menschen. An der Farbe erkennen wir, ob Essen gut oder schlecht ist. Wenn das Fleisch eines Lachses eine kräftig rosarote Farbe hat, so kann man sich recht sicher sein, dass es gut und nicht verdorben ist. Wenn es hingegen grau oder grünlich ist – bzw. auch nur verschiedene Farben aufweist – dann wissen wir, dass der Lachs schlecht ist.
Wenn ich nun etwas im vorigen Kapitel darüber geschrieben habe, dass Farbe substanziell nicht innerhalb von Gegenständen, sondern stattdessen ein Lichtereignis ist, so wissen Sie das jetzt. Wenden Sie Ihr Auge aber vom Buch ab und schauen auf das Buchcover, so werden Sie meinen, dass es in seiner Substanz grün ist.
Unser Farbbewusstsein – bzw. vielmehr unsere Farbtäuschung - können wir nicht ablegen.
Der Goldfisch im Glas müsste auf jeden Fall *Michael Jacksons „You are not alone"* singen, denn wir Menschen leben selbst diese Farbtäuschung, zeigen mit dem Finger aber auf den Goldfisch, dem wir eine verzerrte Wahrnehmung der Realität zuschreiben.

Der Hinweis auf die Initiierung des Universums

Es ist die Frage, ob wir uns bei Beantwortung dieses Sachverhalts nicht komplett im Bereich der Mutmaßungen bewegen. Zwei Ansätze stehen sich gegenüber: Die Wissenschaft, dessen Denkweise oftmals mit Atheismus einher geht, und die Vorstellung, dass es so etwas wie einen Erschaffer – bzw. mindestens eine *Initiierende Instanz* - des Universums gibt.
Wie kann man sich der Beantwortung dieser Frage nähern? Muss man dabei wissenschaftlich vorgehen, und möglichst viele stichhaltige Argumente finden, um eine schöpfende Instanz stochastisch nahe zu legen?
Ein paar Gedanken dazu im Folgenden.

Die Abkehr vom Ursache-Folge-Denken

Die Wissenschaft begründet vieles mit dem Ursache-Folge-Denken. Wenn etwas passiert, muss es vorher dafür einen Auslöser gegeben haben, oder zumindest etwas Gleichzeitiges, wie bei der Vorstellung von Actio=Reactio, der einstigen, newtonschen Gravitation oder der Quantenverschränkung. Alle mir bekannten Formeln und wissenschaftlichen Begründungen gehen davon aus, dass es stets Zusammenhänge und Ursachen gibt.
So wie sich die Wissenschaft aber den Urknall vorstellt, dass alles aus einer Singularität hervorgegangen sei, bzw. - wie es Krauss beschreibt - *A Universe from Nothing* gibt (also ein Entstehen

aus dem völligen Nichts) - so muss man doch zur Kenntnis nehmen, dass in diesem Falle das Ursache-Folge-Denken holterdipolter über Bord geschmissen wird, und zwar von der Wissenschaft. Das mutet wie Willkür an, als wenn in diesem Falle das Ursache-Folge-Denken nicht passt, und man alles so hinbiegt, dass es passt. Im Umkehrschluss mit Gott als Schöpfer des Universums zu argumentieren, ist eben auch nur eine Mutmaßung, eine Phantasie, bzw. ein Verlangen, bisherige theologische Deutungen anzupassen.

Der Spagat, dass aus dem Nichts - am Anfang des Universums – irgendwann ein so wundervoller, menschlicher Jesus von Nazareth hervorgeht, oder auch ein Nelson Mandela sowie die Geschwister Scholl und viele andere, ist schwer. Und das ist gut so.

Die Wissenschaft beschreibt das, was im Universum passiert, sie begründet aber nicht das, was sich im Universum ereignet. Und die Tatsache, dass selbst wir Menschen virtuelle Realitäten erschaffen können, lässt doch das Argument nicht unsinnig erscheinen, dass im Falle des Universums eine Instanz den Stein ins Rollen gebracht haben mag, selbst wenn auch nur ein Miniteilchen erschaffen wurde, dass dann wiederum so etwas wie Antimaterie bewirkte, und so dann alles seinen Lauf nahm.

Die Systembeschränkung

Wenn das Universum so etwas ist, was man als System bezeichnen würde, so müsste das Universum wohl eine Abgeschlossenheit haben, so wie man es von einem *Geschlossenen System* erwartet. Und wenn es so ist, dass ein Verstehen des Universums durch den Menschen von einem etwaigen Erschaffer nicht gewünscht wäre, so geht die Vorstellung der *Drei Unschärfen* damit einher. Insbesondere bei der Sicht ins Kleine – und dem Phänomen des Doppelspaltexperiments, dass beäugte Teilchen etwas anderes tun – stellt die Wissenschaft doch vor ein wirkliches Problem. Wenn wir ins Kleine schauen, wird die Welt zum Wirrwarr. Bei der Sicht ins Große beschränkt die Lichtgeschwindigkeit unsere Wahrnehmung, und somit auch die Möglichkeit auf Erkenntnis, was die Ferne betrifft. Die Dritte Unschärfe, die Tatsache, dass man aus massenhaften Computerberechnungen (*Permutationen*) keine scharfe Erkenntnis gewinnen kann (so wie im Zuckerwürfelexperiment beschrieben), schließt eben auch die Möglichkeit aus, auf diesem Wege das Universum zu ergründen. Der Mensch lebt innerhalb des Universums, innerhalb dieses beschränkten Systems. Und die Frage ist, warum dieses System so beschränkt ist? Die Tatsache, dass man aus dem Universum physisch nicht ausbrechen kann, ist ein Phänomen, das einen Hinweis auf einen Erschaffer des Universums nicht unwahrscheinlicher macht.

Die mögliche Datenfernübertragung

Schon Einstein war sich der Möglichkeit der Quantenverschränkung bewusst. Er bezeichnete diese als „spukhafte Fernwirkung": Es ist technisch möglich, kleine Teilchen wie Photonen durch ein Prisma zu leiten, so dass diese gleiche Eigenschaften annehmen, sich zum Beispiel in entgegengesetzter Richtung drehen. Wie auch beim Doppelspaltexperiment hat die Quantenverschränkung etwas damit zu tun, inwiefern die Szenerie durch die Menschen – oder deren technische Geräte – beäugt wird.

Fliegen die kleinen Teilchen verschränkt los, und wird eines der beiden Teilchen angeschaut, so verändern sich die Eigenschaften beider Teilchen gleichzeitig, auch wenn die Teilchen bereits 150km voneinander entfernt sind.

Die Quantenverschränkung wird als Möglichkeit angenommen, Computer zu bauen, bei denen elektrischer Strom nicht mehr von A nach B fließen muss und dabei Zeit verliert, sondern zeitgleich ein Informationsaustausch stattfindet. Diese Möglichkeit könnte die Rechnerleistungen dramatisch erhöhen.

Zudem ermöglicht die Quantenverschränkung eine unmittelbare Datenfernübertragung, da sich das zweite Teilchen unmittelbar verändert, wenn das erste modifiziert wird. Diese Datenfernübertragung funktioniert heutzutage schon über mehrere hundert Kilometer, wie z.B. österreichische Wissenschaftler erwiesen haben, und möglicherweise funktioniert die Quantenverschränkung auch über sehr lange Distanzen.

Die eine große Frage, die sich stellt, ist, wie dieses Phänomen mit der Lichtgeschwindigkeit als angeblich höchste Geschwindigkeit in Einklang zu bringen ist?

Die Wissenschaft muss dieses Phänomen ja in Ihr Modell vom

Universum eingliedern, und offenbar wird gerade wild gerätselt. Man könnte ja wieder mit gekrümmten Räumen ankommen, als wenn die verschränkten Teilchen räumlich gar nicht so recht getrennt wären.

Die empirische Wissenschaft liefert offenbar mehr Erkenntnisse, als die theoretische Wissenschaft sie begründen und eingliedern kann.

Wenn es so wäre, dass die Quantenverschränkung so etwas wie einen *Sinn* hätte (also wohlbemerkt vor dem Hintergrund, dass das Wort *Sinn* ein Konstrukt des Menschen ist), dann könnte es ja so sein, dass dieser Sinn durchaus in der Datenfernübertragung besteht.

Vielleicht ist die Quantenverschränkung für Informationsaustausch und Einflussnahme gemacht, und zwar in folgendem *Sinne*:

So wie die Quantenverschränkung auf der Erde bereits klappt und angewendet wird, könnte sie ja auch von einer weit entfernten Instanz genutzt werden. Diese Annahme würde ein Wissenschaftler nicht unmittelbar verwerfen.

Wenn also bestimmte – wenn nicht sogar alle - Quanten verschränkt wären, könnte jemand in der Ferne das mitbekommen, was auf der Erde passiert. Ich hoffe, dass ich mich mit dieser These noch innerhalb der Wissenschaft bewege, insbesondere deswegen, weil man dann ja weiter die Frage stellen könnte, wer in der Ferne solche Informationen von der Welt verfolgt oder diese womöglich aufzeichnet.

Ohne jetzt zu tief in die Chaostheorie abzugleiten: Die Chaostheorie beschäftigt sich mit der Frage, ob eine minimale Veränderung in der Welt dazu führen kann, dass an einem anderen Ort etwas sehr dramatisch Großes passiert, wie z.B., als wenn ein Schmetterling durch seinen Flügelschlag einen Tornado in Brasilien auslösen könnte, was *Edward N. Lorenz* 1972 als den *Schmetterlingseffekt* beschrieb. Wenn im System Universum zu bestimmten Zeitpunkten also die Bedingungen geändert würden, so könnte das die Entwicklung bestimmter Dinge dramatisch verändern.

Die Vorstellung, die ich zur Diskussion stelle, ist, ob die Quantenverschränkung einerseits einer entfernten Instanz ermöglicht, Informationen von der Erde zu erhalten, und im Umkehrschluss durch die Veränderung von Quanten auf der Erde eine Einflussnahme erwirken könnte. Und um es ausdrücklich zu sagen: Mit diesen Gedanken bin ich nicht unmittelbar bei dem Nachweis eines möglichen Gottes. Aber es stellt sich ja schon die Frage, ob man der Quantenverschränkung einen *Sinn* oder *Zweck* beimessen könnte.

Die Varianz

Das Wesen der mathematischen Varianz hat sprichwörtlich etwas von einem *Spagat*: Einzelne Ereignisse scheinen diffus, sehr viele Ereignisse vereinen sich hingegen zu einer hohen Verlässlichkeit. Wenn man auf einem Roulettetisch auf Rot setzt, so hat man keine Gewissheit, dass Rot als nächstes Ereignis eintrifft. Man würde die Wahrscheinlichkeit mit 50% annehmen, sofern es die *Grüne Null* nicht gäbe. Also ist das Ergebnisbild eines Roulettetisches – über einen Zeitraum von 20 Kugelwürfen – zumeist recht gesprenkelt. Irgendwie wechselt sich Schwarz und Rot meist recht ungeordnet ab.

Dass die Varianz so ist, wie sie ist, haben wir Menschen offenbar gelernt, wir leben mit ihr und akzeptieren sie. Aber ist die Varianz das, was wir Menschen mit einer Bezeichnung wie *selbstverständlich* belegen würden?

Angenommen, der Mensch wäre nicht geprägt, hätte die Selbstverständlichkeit der mathematischen Varianz nicht gelernt, und dieser Mensch würde vor einem Roulettetisch stehen, so würde er womöglich erwarten, dass sich Schwarz und Rot stetig abwechseln. Welch ein skurriler Gedanke: Eine Szene in einem Casino, wo alles wie gewöhnlich anmutet, nur mit einer Änderung, dass sich Schwarz und Rot stetig abwechseln. Und kein anwesender Mensch fände das außerordentlich.

Würde unsere Welt auch funktionieren, wenn es keine Varianz gäbe? Der Casinobetrieb würde ganz sicher nicht funktionieren, weil er spätestens nach einem Tag pleite wäre. Es gäbe auf der Welt kein Glücksspiel, weil dieses nicht praktikabel wäre.

Mir geht es aber nicht um das Casino, sondern um die Bedeutung der Varianz für den Menschen und für das Universum.

Wenn die Welt so wäre, wie sich die Menschen und Philosophen diese im griechischen Altertum vorstellten – also, dass die Welt aus dem *Atomos* bestände, dem allerkleinsten Baustein – dann könnten wir mit Hilfsmitteln der Sinneserweiterung – also Messgeräten und Mikroskopen – womöglich die allerkleinsten Teilchen beschauen. Und womöglich würden wir feststellen, dass diese kleinen Bausteine nicht ganz gleich wären, sondern vielleicht – wie Ziegelsteine – nur *wesentlich* gleich, im Detail jedoch unterschiedlich. In diesem Falle könnte man vorher sehen, was als nächstes geschieht, weil ein *Atomos* der Roulettekugel sich von anderen unterscheiden würde, und es berechenbar wäre, dass als nächstes z.B. die 17 kommt.

Das *Atomos* gibt es aber nicht, stattdessen aber die Quantenmechanik. In der Quantenmechanik gibt es die Varianz, die Stochastik, oder andersrum: Gibt es die Varianz nur, weil es die Quantenmechanik gibt?

Die Varianz hat die Eigenart, dass ein abweichendes

Einzelereignis normal ist. Dass ein zukünftiges Ereignis nicht zur Gänze bestimmbar ist, ist in der Existenz der Varianz bestimmt.

Dieser Prolog über Varianz und Casinos führe ich aus einem Grund an, denn es mag sich die Frage stellen, ob eine Einflussnahme aus der Ferne durch Quantenverschränkung möglich wäre?

Also ganz konkret: Eine ferne Instanz dreht an einem Photon, ein verschränktes Photon auf der Welt verändert sich, gemäß des Schmetterlingseffekts zieht die Änderung des Photons eine dramatische Änderung der Ereignisse auf der Welt nach sich, und in Brasilien gäbe es einen Tornado, den es sonst nicht gegeben hätte.

Ein solches Szenario würde wissenschaftlich die Einflussnahme einer fernen Instanz auf der Welt beschreiben, und genau die Wissenschaft würde die Handlung eines möglichen Erschaffers des Universums beschreiben, was sie eigentlich niemals vorhatte.

Und ein solches Szenario würde auch die Erschaffung der Unbestimmbarkeit – der Quantenmechanik - begründen, weil sonst die Menschen ins Kleine schauen würden und eine Fremdeinflussnahme womöglich nachweisen könnten.

Die Varianz würde somit den Zweck haben, Ausnahmeereignisse zu kaschieren. Denn wenn Ereignisse *deterministisch* wären, also so etwas wie *unmittelbar* und *nachvollziehbar*, dann würde sich ein sprichwörtlicher Fehler im System ergründen lassen, nämlich genau in dem Moment, in dem womöglich eine entfernte Instanz Einfluss auf das Geschehen auf der Erde genommen hätte.

Die Varianz und die Quantenmechanik, deren Unschärfe, macht den Nachweis einer etwaigen Fremdeinflussnahme unmöglich.

Die Gleichmäßigkeit des Universums

Wenn wir von Menschenhand etwas erschaffen, so haben wir immense Schwierigkeiten, etwas Gleichmäßiges herzustellen.
Das Universum hingegen funktioniert allerorts gleich, selbst an den viele Lichtjahre entfernten Orten. Das physikalische Regelwerk scheint also einheitlich zu sein.
Die Gleichmäßigkeit des Universums macht es nicht unwahrscheinlicher, dass das Universum eine Systematik ist. Eine Natur würde man sich intuitiv ungeordneter vorstellen.

Das Wesen eines Gesetzes und dessen Wichtigkeit für das „Paradoxon des Anfangs"

Wenn sich das Zeidler-Paradoxon als berechtigt heraus stellen soll, ist die Betrachtung des Begriffs *Gesetz* von zentraler Wichtigkeit.
Eine wesentliche Frage ist, ob ein Gesetz eine materielle Sache beschreibt oder ein Konstrukt ist, sprich ein erfundener Begriff des Menschen und nur durch die Existenz des Menschen überhaupt bestand hat.
Für ein Gesetz oder eine Gesetzmäßigkeit gibt es zudem Synonyme, also ähnlich geartete Ausdrücke wie *Regel, Regelmäßigkeit, Grundsatz, Norm* oder *Prinzip.*
Die Quantenmechanik mag ein *Regelwerk* darstellen bzw. definieren. Wenn sich etwas nach Regeln der Quantenmechanik verhält, so muss es offenbar einen Bezug geben zwischen der Masse und dem Regelwerk, da sich ein Teilchen so verhält, wie

es das Regelwerk beschreibt.

Wenn wir Menschen von Gesetzen sprechen, scheint die Beschreibung einfach: Es gibt ein Gesetzbuch, d.h. eine materielle Manifestierung, niedergeschrieben in einem Buch, bzw. heutzutage eher in einer Cloud oder auf einem Datenspeicher, was aber ebenso ein dingfester Repräsentant ist. Die Beziehung zwischen dem Menschen und dem Gesetzbuch ist, dass wir zu einem Zeitpunkt das Gesetz gelernt haben, und es in unserem Wesen durch Speicherung im Gehirn inne ist, und wir damit einen Bezug dazu haben und das Gesetz befolgen.

Das Gesetz, was sich im Buch befindet und nicht gelesen wurde, wird vom Menschen nicht wahrgenommen und demzufolge wird sich ein Mensch dann auch nicht an das Gesetz halten.

Unser Verständnis von *Gesetz* ist, dass dieses in Masse manifestiert ist, als physisches Gesetzbuch oder als physische Datenspeicherung in unserem Gehirn.

**Im Alltag des Menschen gibt es kein Regelwerk
ohne dessen Festlegung in Masse oder Dingen,
unabhängig dessen, ob eine Festlegung im Gehirn oder in einem
Gegenstand erfolgt.**

Selbst wenn wir von einem *Ungeschriebenen Gesetz* sprechen, also sowas, einer alten Frau über die Straße helfen zu müssen, so ist diese Regel mindestens durch Datenspeicherung im Gehirn begründet, also auch mit Masse verknüpft.

Was hat es aber mit den Gesetzen der Quantenmechanik und anderer physikalischer Gesetze auf sich? Gesetze der Quantenmechanik sind auch in Büchern beschrieben und im Gehirn von Wissenschaftlern gespeichert. Diese Speicherung ist aber dafür, dass sich kleine Teilchen so verhalten, wie es die Quantenmechanik beschreibt, nicht verantwortlich.

Physikalische Gesetze sind eine Beschreibung des Menschen, wie sich das, was uns umgibt, offenbar verhält, vergleichbar eines Malers, der ein Abbild von der Natur schafft, diese also ebenso beschreibt, wie er sie wahrnimmt.

Die kleinsten Teilchen haben aber schon in der Urzeit das gemacht, was sie heute machen, ohne dass es einer Abbildung oder Niederschrift der Regeln durch Wissenschaftler bedurft hätte.

Was hat es also mit dem Regelwerk der Natur auf sich?

Was bewirkt das Verhalten der Teilchen?

Wie steht es um die Existenz des Regelwerks *Quantenmechanik*?

Und wo war die Regel, als das Universum begann?

Die Beantwortung dieser Fragen ist ein Knackpunkt, wenn das Zeidler-Paradoxon richtig sein soll.

Das *Nichts*, wovon Lawrence Krauss spricht, war offenbar etwas, das der Natur zuzuordnen ist.

Und das Paradoxon lebt ja nur davon, dass meine Vorstellung darin besteht, dass die physikalischen Regeln ebenso ein Teil der Natur sein mussten, möglicherweise zeitlos oder vor dem Urknall existent. Aber wo, wie, und zu welchem Zeitpunkt?

Eingangs war meine Vorstellung, dass die Gesetze entweder vor oder mit Entstehung des Universums vorhanden gewesen sein müssen, bzw. es eine schleichende Entwicklung von Regelwerken seit dem Urknall gegeben haben könnte.

Eine vierte Möglichkeit wäre, dass das erste Teilchen das Regelwerk inne hatte, entfernt vergleichbar einer DNS, in der ein Regelwerk als Molekül abgebildet ist. Und da wir die allerkleinsten Teilchen womöglich noch nicht kennen, so mag es ja sein, dass sich im Teilchen ein in Masse abgebildetes Regelwerk befindet, vergleichbar einer DNS für kleine Teilchen. Aber auch dann würde sich die Frage über die Herkunft der Gesetzmäßigkeit stellen.

Ein Roboter funktioniert ja ähnlich: Ein Staubsaugroboter hat ein

Regelwerk, dass - wenn er irgendwo gegen stößt – stoppt, sich umdreht und weiter fährt. Wenn man mehrere Staubsaugroboter in einem Raum hat, so kann es sein, dass diese sich untereinander anstoßen und zusammen eine Dynamik erwirken, die aus den jeweils gespeicherten Regelwerken entsteht.

Vergleichbare Dynamiken hat *John Horton Conway* im Jahre 1970 erzeugt, als er das Computerprogramm *Game of Life* entwickelte. Diese Software bildet in einer Fläche einen einfarbigen Punkt ab, und die Punktgebilde entwickeln sich nach einem sehr einfachen Regelwerk zu Abbildungen, die organisch erscheinen und auch so etwas wie organische Bewegungen simulieren: Kleines Regelwerk, große Ergebnisse. Die Pixelpunkte auf dem Monitor verfügten jedoch nicht über das Regelwerk innerhalb derer selbst. Conways Software war auf einem Datenträger gespeichert, und die Verarbeitung dieses Regelwerks in einem Computerprozessor erwirkte dann die Abbildung von Pixeln auf dem Monitor als Ergebnis. Die Pixel hatten also das Regelwerk nicht in sich, sondern waren das Abbild eines Regelwerks. Das Regelwerk war physisch existent, vor der ersten Darstellung des ersten Pixels.

Die Annahme, dass sich das Regelwerk eines kleinen Teilchens in ihm selbst befindet, ist ja erst einmal gut vorstellbar, eben wie bei den Staubsaugrobotern, in denen eine Verhaltensregel gespeichert ist. Die Vorstellung wird aber dann problematisch, wenn ein Teilchen offenbar seine eigenen Eigenschaften in der Vergangenheit ändern kann, also im Falle dessen, dass beim *Doppelspaltexperiment* ein Messvorgang kurz vor dem Rezeptor stattfindet, und ein Teilchen seine Eigenschaft am vorherigen Spalt ändert und an einem anderen Ort des Rezeptors landet.

Dann stellt sich die Frage, ob dieser Vorgang eher durch ein extern liegendes Regelwerk oder ein Regelwerk innerhalb des Teilchens möglich sein könnte?

Wenn für diesen Fall des Doppelspaltexperiments ein *Erkennen* – also ein Ereignis - das andersartige Verhalten auslösen würde, dann wäre zu erörtern, ob dieses Erkennen besser durch das Teilchen selbst oder eine äußere Instanz erfolgen kann?
Und wenn das Teilchen während seiner Eigenschaftsveränderung nicht existent, sondern stattdessen ein Abbild, eine Wahrscheinlichkeit oder an mehreren Orten gleichzeitig wäre, dann wäre es schwer vorstellbar, dass das *Regelwerk Quantenmechanik* innerhalb des Teilchens manifestiert sein könnte.

Wenn es so ist,
dass ein Gesetz oder Regelwerk die Abbildung in Materie oder
Dingen erfordert, so wird sich schwerlich zu Beginn des
Universums das Regelwerk innerhalb von Teilchen befunden
haben, bzw. auch nicht im Nichts vorhanden gewesen sein, sondern
sich woanders befunden haben.

Wenn die Existenz der kleinsten Teilchen nur eine
Wahrscheinlichkeit statt einer ortsgebundenen Masse ist, so lässt
sich keine Regel in Ihnen speichern.

Es gibt keinen bekannten Fall, dass ein Regelwerk ohne dessen
Manifestierung in Masse oder Dingen besteht.

Kleinste Teilchen sind womöglich Abbilder eines Regelwerks.

Das mögliche Ergebnis, welches Bild wir uns vom Universum somit machen können?

Diese Frage kann man nach den Ausarbeitungen dieses Buches als offene Frage stellen. Es steht jedem frei, seine eigenen Schlüsse aus den Gedanken zu ziehen.

Das Universum hat farblose Substanzen, ebenso sind die Substanzen substanziell weder hell noch dunkel. Es hat ohne das Leben keine absolute Größe, stattdessen nur eine große Menge von Teilchen, die ebenso keine absolute Größe haben. Die Energie ist ohne menschlichen Körper ebenso nicht erfassbar. Die Ergründung des Universums ist schwer möglich, weil bei der Sicht ins Große alles Unscharf wird, ebenso wie bei der Sicht ins Kleine, wo kleinste Teilchen komische Dinge tun, insbesondere dann, wenn Sie vom Menschen beschaut oder gemessen werden. Durch massenhafte Berechnungen von Computern lassen sich ebenso keine scharfen Erkenntnisse errechnen. Das Universum gelangt mindestens dann zu Existenz, wenn wir es wahrnehmen. Ob es ohne unsere Sinneswahrnehmungen vorhanden ist, ist nicht zu beantworten.

Das Universum ist ganz sicher nicht etwas Stupides oder Einfaches, denn es bedarf eines ausgeklügelten Regelwerks.

Und es stellt sich die Frage, ob es Sinn macht, das Universum und das Unserselbst komplett zu entschlüsseln.

Beim Entschlüsseln des Universums stellt sich die Wissenschaft nicht die Frage des Sinns, sondern die Wissenschaft ist eine Autodynamik, etwas, was seinen Lauf nimmt, da das Nachdenken der Menschen ja auch nicht zu stoppen ist.

Dürrenmatt beschreibt es in seinem Bühnenstück *Die Physiker* so, dass alles, was einmal gedacht worden ist, nicht mehr zurück genommen werden kann. Die Findung des Möglichen gelangt in Wissenschaftlern zu Erkenntnis, die Erkenntnis wird manifestiert, niedergeschrieben und an andere Wissenschaftler weiter gegeben, die das Wissen wiederum erweitern und verfeinern.

Ich persönlich habe mich mit meinem Nachdenken ein Stückchen dem genähert, was das Universum sein könnte. Keineswegs bin ich mir aber sicher, ob ich das Universum bis ins letzte ergründen wollte, weil mir mein Gefühl sagt, dass es Aufgabe des Menschen ist, Mensch zu sein, aus unserem Dasein das Wertvollste zu machen, nach tollen Dingen zu streben.

Und die tollsten Dinge bewegen sich im Bereich der Liebe, insbesondere der Nächstenliebe, in der Tatsache, dass wir Menschen nur noch ganz wenig darwinistisch handeln, stattdessen ein Gemeinwohl anstreben, dass keine Gene optimiert.

Wie sich die *Liebe an das Göttliche* begründet

Nicht nur der kleine Häuptlingssohn Achak wird durch die Prärie gelaufen sein und sich der schönen Natur und seines Lebens erfreut haben.

Das deutlich ruhigere Leben der Urmenschen ließ diesen mehr Zeit fürs Besinnliche, im Gegensatz zum Leben in unserer heutigen, reizüberfluteten Welt. Im Zeitalter von *Smartphones*, *Social Networks* und Autoradios, die uns auf langen Fahrten jede halbe Stunde die gleichen – zumeist unwichtigen – Nachrichten ins Ohr blasen, finden wir wenig Zeit für Besinnung.

Der Naturmensch bewegte sich einst durch die schönen Landschaften und entzündete abends ein Lagerfeuer, wenn auch nur des Zwecks wegen, sich zu wärmen, zu kochen und die wilden Tiere abzuhalten.

Da dieser Naturmensch nicht so reizüberflutet war wie wir, so war es geradezu unvermeidbar, abends am Lagerfeuer in die Weiten der Natur zu schauen, die Stille zu hören und sich treiben zu lassen.

Und genau in dieser Ruhe gab es das Wunder des Danks, der Dank an das Leben, das einem geschenkt ist und die Möglichkeit, diese einzigartig wunderschöne Natur zu genießen, sowohl in den Weiten Sibiriens bei minus 40 Grad Celsius als auch in der Abendsonne Australiens.

Das Gefühl des Dankes ist ein transitives Gefühl, so wie ein Verb, dass ein Objekt erfordert, auf das es sich bezieht. Der unermessliche Dank – zusammen mit dem Bewusstsein, dass nach unserem Verständnis Nichts von Nichts kommt – veranlasste den Menschen, nachzudenken, wer all dieses geschaffen haben könnte. Für das Schöne, was ihn umgab, musste es einen plausiblen Grund geben. Und diesen Grund sahen und sehen wir Menschen im Göttlichen. Das Wunder der Schönheit, das wir Menschen selbst in das Universum hinein projizieren, da das Universum weder farbig noch hell ist, veranlasst uns zum Dank und zum Finden einer Instanz, der wir den Dank antragen können. Das Göttliche erwächst also mindestens im Menschen, unabhängig der Frage, ob es darüber hinaus einen Gott gibt.

Die Evolutionstheoretiker, die u.a. vom „egoistischen Gen" sprechen, das immer fortbestehen und sich verbessern möchte, könnten sich wissenschaftlich der Frage widmen, was es mit der Gottesliebe auf sich hat? Es liegt sehr nahe, dass die milliardenfache Gottesliebe im Menschen seit vielen Jahrtausenden dafür sorgt, dass das Göttliche real wird, sich in unseren Genen manifestiert.

Es mag ja so sein, dass die so oft vorhandene Gottesliebe

Einfluss auf unsere Gene nimmt, und dass das Gen gar nicht so „selfish" ist, wie es anmutet. Dass bei Nahtoterfahrungen unser Leben noch einmal vor unseren Augen abgespielt wird und ein Licht am Ende des Tunnels gesehen wird, ist darwinistisch ja wohl komplett sinnlos? Es ergibt sich daraus kein Nutzen für das Gen, weil sich das Gen im ablebenden Körper nicht fortträgt.
Warum, Herr Dawkins, gibt es die Nahtoterfahrungen, so wie sie die Wissenschaft experimentell nachweist?
Sie sind doch mindestens Ausdruck und Folge der menschlichen Liebe an das Göttliche?

Die gesellschaftliche Sicht auf die Wirklichkeit

Die Tatsache, dass das Universum keine substanzielle Farbe enthält, ebenso nichts Dunkles oder Helles in Körpern vorhanden ist, sowie das Universum – außer der Teilchenanzahl – keine Größe hat, mutet eigentümlich an.
Ebenso die Behauptung, dass es keinen Kreis und keine Kugel im Universum gibt, ist nicht jedermanns Sache.
Somit kann ich nur von Glück sagen, dass ich in meiner Langweiligkeit niemals betrunken Auto fahre, weil mir ein sogenannter MPU-Test – im Volksmund auch *Idiotentest* genannt – womöglich Schwierigkeiten bereiten könnte.
In diesen Tests gibt es die Frage, wie viele Kugeln man übereinander stapeln kann. Erwartet wird die Antwort, dass man Kugeln nicht stapeln kann.
Meine Antwort auf diese Frage würde circa zwei Buchseiten umfassen und ein gegenteiliges Ergebnis erbringen, in Kurzform: „Da es im Universum weder Kreise noch Kugeln gibt, sind Körper stets kantig. Es erfordert statisch im makroskopischen Bereich mindestens drei Auflagepunkte, um eine stabile Situation herbei zu führen. Das, was wir gemeinhin als Kugel bezeichnen, ist immer ein kantiger Körper. Drei Punkte hat jeder kugelartige Körper. Die Menge der zu stapelnden Kugeln würde sehr stark von äußeren Umständen abhängen, ob äußere Kräfte auf die kugelartigen Körper und den Untergrund einwirken, bzw. würde auch die innere Festigkeit von Belang sein. Im Optimalfall könnte man womöglich sogar sehr viele kugelartige Körper übereinander stapeln. Würden die Auflagepunkte aus kleinsten Teilchen bestehen, so wäre die Statik davon abhängig, ob die kleinsten Teilchen gerade durch eine Apparatur beschaut werden oder nicht, weil sonst die kleinsten Teilchen womöglich ihr Wesen verändern, und der Versuchsaufbau durch die

Beäugung instabil würde."

Ebenso kurz gesagt: Immer schön weiter ohne Alkohol fahren und Idiotentests vermeiden, denn der Prüfer hätte damit so seine Schwierigkeiten.

Dieses Beispiel zeigt aber schön, wie sicher wir uns in der Deutung der Wirklichkeit sind. Der Prüfer hat natürlich recht, da ein Mensch glatte Stahlkugeln niemals stapeln könnte.

Nach meiner Deutung ergibt sich ebenso eine gewisse, nachvollziehbare Logik. Natürlich endet man gedanklich wieder in einer Grenzwertbetrachtung, aber genau diese Grenzwertbetrachtungen bringen immer wieder die interessanten Umstände, wie auch beim *Universum aus dem Nichts*, was durch seine minimale Situation gleichzeitig so eine monumentale Erkenntnis mit sich bringt. Der Gegensatz zwischen *Universum aus dem Nichts* und *„Wo war die notwendige quantenphysikalische Regel?"* ist monumental.

Man fühlt sich erinnert an den Spielfilm *Herr der Gezeiten*, in dem sich *Nick Nolte* gegenüber der Psychologin *Barbara Streisand* offenbart und die Kindheitserlebnisse in seiner Familie schildert, während Barbara Streisand stetig wiederholend fragt „Wo waren Sie in diesem Augenblick, wo waren Sie, als das alles passierte?".

Ebenso muss diese Frage im Zusammenhang mit dem Anfang des Universums gestellt werden. „Where were you, law of quantum mechanics, where were you, in the very moment, when anything developed from nothing? Definately not inside of the universe."

Wer die Frage um den Anfang des Universums beantworten wird

Die Wissenschaft beschreibt das Universum so beeindruckend detailliert. Die Kids von heute schalten ihr Smartphone an, geben das nächste Fastfoodrestaurant ein und lassen sich vom GPS-System metergenau dort hin leiten. Heutzutage ist es normal, sich von Satelliten leiten zu lassen. Dass die Regeln der Quantenphysik bei dieser Technologie akribisch Anwendung finden, ist dem Benutzer egal. Es ist und bleibt aber bewundernswert, dass so etwas und vieles andere technisch möglich ist. Die Wissenschaft ist mit Ihrem Selbstzweifel, mit der stetigen Verbesserung von Erkenntnissen, gewissenhaft und liefert immer neue Ergebnisse.

Viele Ergebnisse rund um das Universum lassen vermuten, dass Menschen – ebenso wie andere Lebewesen – durch ihr Denken und Handeln einen enormen Einfluss auf Ihre eigene Wirklichkeit haben. Wir Lebewesen nehmen Einfluss auf das, was wir erfahren und auf das, was uns umgibt. Nicht zuletzt wird das durch die Ergebnisse des *Doppelspaltexperiments* deutlich und die Änderung der Wirklichkeit, wenn wir Dinge unter die Lupe nehmen.

Und so verbleibt es meiner Intuition, anzunehmen, dass die Lösung um die Geheimnisse des Universums nicht durch die Physik und Kosmologie erfolgen wird, sondern dass stattdessen Ergebnisse der Psychologie und Gehirnforschung das Rätsel lösen werden, und ich bin mitnichten sicher, ob es erstrebenswert wäre, alle Geheimnisse um das zu lüften, was uns ausmacht.

Die Erkenntnis um das, was wir und das Universum sind, ist ausschließlich dann erstrebenswert, wenn es gesellschaftlich eine Verbesserung mit sich bringen würde, so zum Beispiel, wenn wir wissenschaftlich die Begründung unserer Gottesliebe verstünden und damit mehr Einklang in die Welt bringen könnten.

Eine Annahme, warum das Fermi-Paradoxon gar nicht paradox ist

Das *Fermi-Paradoxon* besagt im Wesentlichen, dass im Falle dessen, dass es viel Leben im Universum gäbe, Außerirdisches Leben mit uns in Kontakt getreten sein müsste, und zwar sehr oft, bzw. dass es extrem viele Sonden im Weltall geben müsste.
Die technische Idee ist, dass außerirdische Zivilisationen eine *Von-Neumann-Sonde* realisieren könnten, das heißt so eine Art Mini-Raumschiff, das sich selbst immer wieder vervielfältigt, während es in die Weiten des Weltraums fliegt.
Und da die Wissenschaft eben auch nicht ausschließt, dass es milliardenfach Planeten wie die Erde im Universum gibt, mit etwaigen Hochkulturen, so ergibt sich eben dieses *Fermi-Paradoxon*.
Die kurze Antwort darauf mag sein, dass die Kette von Erfindungen – wie im Roman *Das kleinste Teilchen ist ein Universum* beschrieben – allerorts die gleiche ist. Die Hunderten von wichtigen technischen Erfindungen würden auf anderen Planeten ebenso gemacht, bis hin zu *e=mc2* . Und es wäre ggf. anzunehmen, dass in allen Milliarden Fällen die zerstörerischen Folgen von *e=mc2* der Realisierung einer *Von-Neumann-Sonde* zuvor kommen. Deswegen fliegen keine Raumschiffe im Weltraum herum. Und da *Von-Neumann-Sonden* wohl eher

stecknadelgroß wären, müssten wir auf Getreidefeldern nach Stecknadeln suchen, und nicht nach großen Abdrücken, die Kornfelder zerquetschen.

Das Wesen der Mathematik

Bei der Vorstellung eines Universums, das aus nur einem Teilchen bestünde, wäre die Rechnung „1+1" unzulässig, weil ein zweites Teilchen benötigt würde. Ein Universum, dass aus zwei Teilchen bestünde, würde „1+1" erlauben, dafür wäre „2+1" noch nicht möglich. Es scheint so, dass die Komplexität des Universums und die darin mögliche Mathematik in einem Zusammenhang stehen.
Die Mathematik ist ein Konstrukt, eine Erfindung des Menschen. Der Mensch nutzt die Mathematik, um seine Umwelt rechen- und vorhersehbar zu machen.
Das Universum selbst benötigt die menschengemachte Mathematik nicht. Das Universum hat vor der Existenz des Lebens – und seiner Mathematik - bereits funktioniert, unabhängig dessen, ob das Universum ggf. auf einer Art Mathematik basiert.
Es stellt sich die Frage, ob Mathematik etwas Allgemeingültiges oder nur etwas Universelles ist, denn der Begriff „universell" wird ad absurdum geführt, weil wir diesen Ausdruck bisher mit „Allgemeingültigkeit" verwechseln. Etwas Universelles ist aber etwas, was auf die Beschränktheit des Universums reduziert ist, etwas Allgemeines wäre etwas, das unabhängig des Universums gültig wäre.
Führt man den oben genannten Gedanken weiter, so würde ein

aus drei Teilchen bestehendes Universum „2+1" erlauben, aber keine höheren Summen, und auch noch nicht 3/2. Vor allen Dingen gäbe es bei drei Teilchen noch kein Leben, was die Universelle Mathematik entwickeln könnte. Der Mensch - als Teil des Universums - hat seine Mathematik innerhalb des Universums entwickelt, vor dem Hintergrund, dass die Mathematik eine Zweckmäßigkeit hat, von einst einfachen Mengenberechnungen handeltreibender Nomaden bis hin zum heutigen Stand des Mathematik, die beim Beschreiben des Universums hilft.

Da unser Universum aber beschränkt ist, ist die vom Leben definierte Mathematik ebenso beschränkt. Die Annahme, dass unsere Auffassung von Mathematik nahe der Perfektion wäre, ist möglicherweise sehr verfehlt. Hinderlichkeiten unserer Mathematik, wie z.B. die Unterscheidung in Rationale und Irrationale Zahlen, enthält die Allgemeingültige Mathematik wahrscheinlich nicht.

Zahlen sollen nach unserem Verständnis feste Werte repräsentieren, „unendlich" viele Nachkommastellen einer Irrationalen Zahl zeigen aber eine Abbildungsschwäche unserer Mathematik. Der geometrische Kreis ist eine Vorstellung des Menschen, also ebenso ein Konstrukt. Das Universum enthält nichts Dingliches, was ein Kreis ist, auch wenn Materielles sehr kreisähnlich anmutet. Das Verhältnis zwischen Kreis und seinem Durchmesser hat nach unserer Vorstellung eine feste Wertigkeit. Objektorientiert könnte man den Kreiswert PI als „Verhältnis Umfang zu Durchmesser" darstellen, die Schwierigkeit der numerischen Abbildung entsteht erst, wenn wir diese numerischen Systeme auch gebrauchen und akzeptieren, dass der Wert nie zur Gänze richtig abgebildet wird. Genau diese Unzulänglichkeit führt zum Hirngespinst der „Unendlichkeit", weil unendlich viele Nachkommastellen für eine vollkommene Abbildung benötigt würden.

Im o.g. fiktiven Universum, dass aus drei Teilchen besteht, ist „3/2" nicht zulässig. Warum aber in unserer Mathematik? Weil wir davon ausgehen, dass wir dieses eine Teilchen genau in der Mitte zweiteilen können. Eine solche Annahme ist aber vage, weil das Teilchen möglicherweise unteilbar ist, oder aus 13 unteilbaren Teilchen bestehen könnte, was eine wertgenaue Aufteilung wiederum nicht ermöglichen würde.

Wir akzeptieren die Unzulänglichkeiten unserer Mathematik wahrscheinlich deswegen, weil doch so vieles mit ihr funktioniert.

Die Erklärung, warum es keine Unendlichkeit gibt

Das Internet ist voll von Videos, die angebliche Paradoxien bzgl. der Unendlichkeit aufzeigen.

Ein bekanntes Beispiel ist *Hilberts Hotel*, eine Vorstellung, dass ein Hotel undendlich viele Gäste aufnehmen kann, weil eine Kettenreaktion den Bewohner des ersten Zimmers veranlasst, zur nächsten Tür zu gehen und diesen wiederum zum Aufrücken aufzufordern.

Dieses Beispiel ist eines der schlechtesten, weil es sich an Menschen orientiert, deren Körpermasse sich in einem einkreisbaren Umfang bewegt, so dass die Summe aller Menschenmassen das Universum nur endlich ausfüllen könnte.

Maximale Menschenmenge in Hilberts Hotel:

Masse des Universums / durchschnittliche Menschenmasse = höchstmögliche Anzahl von Menschen im Universum

Mathematiker interessiert offenbar die Unendlichkeit, bzgl. auf das mathematische Zahlenwerk.

Zu diesem Thema gibt es viele erdachte Paradoxien, die angeblich aufzeigen, dass es das Wesen von Unendlichkeit gibt.

Nach meinen Recherchen gibt es stattdessen nicht den leisesten Ansatzpunkt, warum es Unendlichkeit geben sollte.

Für den Nachweis, dass es mindestens innerhalb des Universums keine Unendlichkeit gibt, ist es sinnvoll, sich das Wesen der Natur und der Mathematik vorab zu vergegenwärtigen.

Die Natur ohne Lebewesen kennt keine Mathematik. Wenn wir unser geistiges Auge in das Weltall bewegen, so gibt es dort keine Mathematik, keine Zahlen, keine Exponenten oder sonstige mathematische Inhalte. Die Natur verhält sich offenbar verlässlich nach Regeln, die wir gut mittels der erdachten Mathematik beschreiben und sogar vorhersagen können.

Trotzdem gehört die Mathematik in den Bereich der *Konstrukte*, das heißt in den Bereich der Begriffe, die etwas beschreiben, was nicht Teil der Natur ist.

In der Mathematik werden stets Repräsentanten benutzt. Wenn nach unserem Verständnis vier Äpfel vor uns liegen, so setzen wir dafür einen beschreibenden, menschengemachten Repräsentanten ein, zum Beispiel die Zahl „4",oder einen Term „2 hoch 2" oder "1+1+1+1".

Die Natur bleibt dabei die gleiche, nämlich das Ergebnis dessen, dass wir Äpfel mit unseren Händen vor uns hin gelegt haben.

Jeder Apfel hat eine Beschaffenheit, wohl auch eine Masse, aber die Natur interessiert es in keinster Weise, wie wir das Stilleben aus Äpfeln mathematisch benennen.

Wenn der Mensch nun die Vorstellung von Unendlichkeit hat, so bewegt er sich stets im Bereich dessen, was er angeblich zukünftig Unendliches machen würde, zum Beispiel wie folgt ausgedrückt:

„Wenn man eine Dezimimalzahl undendlich fortschreibt, d.h. immer eine neue Stelle hinten dran hängt, dann wird es eine unendlich große Zahl."

Ich habe nicht die leiseste Ahnung, warum das so sein sollte.

Beim Schreiben dieser angeblich unendlichen Zahl geht einem mit der Zeit doch die Masse aus, sprich die größtmögliche Menge von Papier, die im Universum erzeugbar wäre.

Nun könnte der Probant ja auf die Idee kommen, entsprechend kleiner zu schreiben, aber genau dass würde die aufgeschriebene Zahl auch nur endlich größer erscheinen lassen, selbst dann, wenn sich die Masse im Universum mit der Zeit vergrößern sollte.

Aber der Gedanke, auf den sich das Kleinermachen der geschriebenen Zahlen stützt, beschreibt bzgl. der

Grenzwertbetrachtung genau den richtigen Ansatz:
Wenn es so ist, dass die Mathematik für Werte Repräsentanten benutzt, die sich innerhalb des Universums befinden, also abgebildet in Dingen des Universums werden, so ist zu erörtern, welche Sache der kleinste Repräsentant für einen Zahlenwert im Universum sein könnte.
Betrachtet man sich die heutigen Computerspeicher, so speichert und adressiert man Werte fast in der Größenordnung von Atomen. Und selbst wenn es möglich wäre, kleinere Teilchen zu adressieren und als Repräsentanten eines Zahlenwerts zu nutzen, so wäre die Anzahl dieser Repräsentanten im Universum endlich.

Die größmögliche Zahl, die sich im Universum repräsentieren lässt, und somit erst durch die Abbildung existent wird:

(Summe kleinstmöglicher, physikalischer Zahlenwertsrepräsentanten) x (größtmögliche, endliche zu repräsentierende Zahl, die in einer höchstmöglichen, endlichen Operation zu anderen Repräsentanten stehen)

Als Beispiel folgendes: Ein Atom repräsentiert eine Billion, das nächste Atom repräsentiert den Exponenten von einer Billion, so dass drei Atome 1 Billion hoch eine Billion hoch eine Billion usw. repräsentieren.
Die Zahlenwerte und Operatoren können beliebig gewählt werden, solange sie endlich, also bezifferbar, bleiben.
Daraus ergibt sich dann – im Bezug aufs Universum – eine unvorstellbar hohe Zahl.
Siese ist aber endlich.
Jegliche, angebliche Paradoxien rund um das Thema Unendlichkeit scheitern an dieser Tatsache.
Die empirische Wissenschaft kann wegen dieser Tatsache keinen Versuchsaufbau erschaffen, der Unendlichkeit generiert.

Deswegen bleibt die Vorstellung von Unendlichkeit ein Teil der theoretischen Wissenschaft, nämlich etwas Unkorrektes.
Alle Gleichungen der Wissenschaft, die „Unendlich" beinhalten, müssten diesen Wert durch den *höchstmöglichen Wert innerhalb des Universums* ersetzen.

Die Theorie, was Dunkle Materie und Dunkle Energie ist

in seiner Formulierung vom 2.12.2015
Autor: Bodo Zeidler

**Dunkle Materie ist die Steuereinheit des Universums,
inkl. des Rahmenwerks für Naturgesetze und dem Mechanismus, der
den sichtbaren Teil des Universums steuert.**

**Dunkle Energie ist die Eichung des Universums,
vergleichbar Sandsäcken eines Ballons, der auf einer bestimmten
Höhe verweilen soll. Dunkle Energi ist der kalibrierende Anteil, der
die Menge von Strahlung, sichtbarer Materie, Dunkler Materie und
Dunkler Energie so im Gleichgewicht hält, dass das Universum so ein
verlässlicher Lebensraum ist.**

Warum das *Göttliche* und die Schöpfung des Universums womöglich getrennt zu betrachten sind

Dieser Thementitel mutet wohlbemerkt provokativ an. Es geht aber keineswegs darum, sich selbst darüber zu erheben und zu bestimmen, wer Gott ist, und wer nicht, oder sich anzumaßen, was es mit der Erschaffung des Universums auf sich hat. Insbesondere, weil ich mich selbst als das kleinste aller Schafe sehe, der zu Gott aufschaut. Es vergeht kein Tag, an dem ich nicht das Gefühl habe, Gottes Kraft zu spüren und von ihm geleitet zu werden. Ein Leben ohne Gott wäre für mich undenkbar.

Dass die Welt so unterschiedlich mit dem Thema umgeht, dass die Wissenschaft so oberflächlich und übermütig über das

Göttliche urteilt, und sich die unterschiedlichen Glaubensrichtungen im Zwiespalt befinden, ist für mich ein trauriger Zustand. Und es besteht das Bedürfnis, Einklang herbei zu führen, weil jeder Mensch versucht, das All zu ergründen: Die einen Menschen eher wissenschaftlich, die anderen eher von Gefühlen gelenkt. Aus meinen vorherigen Aufzeichnungen geht hervor, dass es offenbar drei Unschärfen gibt: Die *Sicht ins Große*, die *Sicht ins Kleine* und die *Sicht ins Mittlere*. *Groß* und *Klein* lassen sich im Groben so deuten, dass bei der Sicht in die Ferne alles unscharf wird, weil Teleskope und die Lichtgeschwindigkeit die Sicht in die Ferne beschränken, und wenn der Mensch ins Kleine schaut – also in Bereiche der Quantenmechanik – so tun sich auch derzeit unüberwindliche Grenzen auf, da die kleinsten Teilchen obskure Dinge machen und schwer einzukreisen sind.

Mir geht es aber zentral im die *Unschärfe des Mittleren*.

Wenn man weder durch die Sicht ins Kleine noch die ins Große zu Erkenntnissen gelangt, die das Universum ergründbar machen, so könnte man ja auf die Idee kommen, durch massenhafte Berechnungen in Computern zu Wissen zu gelangen. Meine Ideen dazu habe ich im *Zuckerwürfelexperiment* des Romans *Das kleinste Teilchen ist ein Universum* beschrieben. Und die Tatsache, dass man einen Datenraum von 6x6x5 Pixeln (oder Zuckerwürfeln) heutzutage schon gesamtheitlich mittels Permutation durchrechnen und abspeichern könnte, zeigt ja, dass gewisse Größenordnungen von Wissen, von Erfindungen, von 3D-Körpern und Schrift durch massenhafte Berechnungen erzeugbar sind.

Das *Zuckerwürfelexperiment* kommt über eine Hürde nicht hinweg: Die Unschärfe. Massenhafte Berechnungen eines virtuellen 3D-Raums können nur in dieser sehr beschränkten Größenordnung von 6x6x5 Pixeln durchgeführt werden, trotz großer Datenspeicher, die z.B. die NSA besitzt.

Nicht nur das: Die unscharfen Ergebnisse, die dann Turnhallen voller Massenspeicher füllen, bilden zwar das Wissen in Form von Dateien physikalisch ab. Zwischen der physischen Existenz und der Erkenntnis, die ein Mensch oder anderes Wesen daraus zieht, besteht allerdings ein eklatanter Unterschied. Konkret: Wenn alle Schriften, alle körperlichen Erfindungen auf einem großen Datenspeicher physisch verfügbar gemacht würden, so würde dieses gespeicherte Wissen erst dann real, wenn die Einzeldateien im Menschen zur Erkenntnis würden. Denn in einem Marmorblock sind alle körperlichen Skulpturen ja ebenfalls vorhanden und werden erst dann zur Erkenntnis, wenn ein Bildhauer sie freilegt, und sie von einem Menschen beschaut werden, als dass aus der Skulptur eine Erkenntnis innerhalb des Menschen wird.

Durch massenhafte Berechnungen kommt man direkt nicht zu Erkenntnis, zumindest nicht zur Erkenntnis über alles.

Und wenn es so sein sollte, dass es eine Instanz gibt, die Interesse daran hat, alles Wissen zu erlangen – oder mindestens sehr viel Wissen – so müsste sich diese Instanz einen Mechanismus einfallen lassen, Erkenntnis zu erschaffen, nämlich, aus der Menge allen Wissens und aller Möglichkeiten die wertvollen zu selektieren und diese zu verinnerlichen. Und es ist eben so, dass Computer diese Aufgabe nicht lösen können, auch nicht Computer, die sich womöglich außerhalb unseres Universums befinden.

Wenn also eine Instanz, die sich innerhalb oder außerhalb unseres Universums befinden mag, zu Wissen gelangen möchte, so bedarf es einer dynamischen Intelligenz. Und diese dynamische Intelligenz könnte das Leben sein, das sich innerhalb des Universums befindet, also die Menschen auf der Erde und womöglich die sehr vielen anderen Existenzen, die sich auf anderen Planeten befinden.

Und wenn es so wäre, dass es eine Instanz gibt, die dieses

Universum und dessen Autodynamik veranlasst hat, so wäre es möglich – aber keinesfalls garantiert – dass *das Göttliche* und die *erschaffende Instanz* des Universums nicht ein und dasselbe sind. Gott ist etwas, was gelebt und gespürt wird, von Lebewesen, selbst von denen, die in abgeschlossenen Kulturkreisen oder auf verschiedenen Kontinenten leben. Gott äußert sich in der Liebe, im Guten, was die Lebewesen bewegt. Das göttliche Handeln der Lebewesen findet genau da statt, wo der Darwinismus aufhört. Wenn sich Lebewesen von darwinistischem Verhalten abwenden und erkennen, dass andere Lebewesen auch Seelen haben, und dementsprechend miteinander umgehen, dann passiert Göttliches. Und es mag sein, dass eine *schöpfende Instanz* des Universums zur Erkenntnis gelangt, dass es etwas Wundervolles gibt, was jenseits des vielen Wissens sich befindet, und was sich Gott nennt.

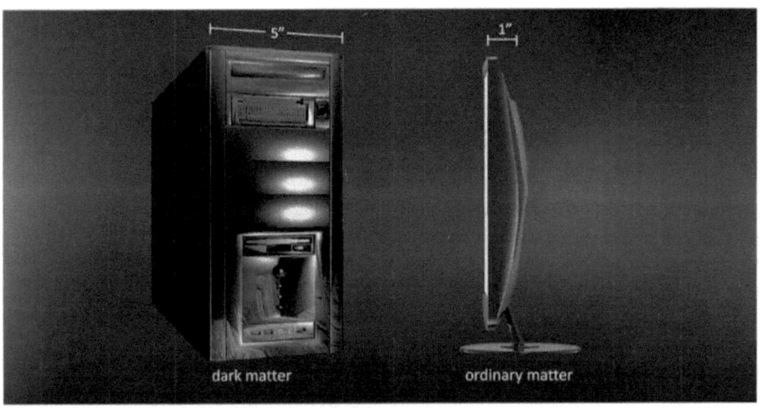

Die Deutung des Universums aufgrund demografischer Umstände

in seiner Formulierung vom 06.04.2016
Autor: Bodo Zeidler

Die in diesem Buch beschriebene Gedankenkette lässt eine finale Folgerung zu. Diese leitet sich wie folgt ab:

Eine wichtige Frage, die sich generell auftut, lautet:

**Wenn die Wissenschaft einmal weiß,
wie das Universum funktioniert,
wie hoch ist dann die Wahrscheinlichkeit,
dass mit diesem Wissen ein Universum herstellbar ist?**

Die Wissenschaft, insbesondere die Physik, liefert dramatisch gute Ergebnisse, die verlässlich und anwendbar sind. Es liegt nicht fern, dass die Wissenschaft heraus bekommen wird, wie das Universum funktioniert. Die Wissenschaft verfeinert beständig die Urknalltheorie. Also besteht eine greifbare Chance, dass eines Tages ein Wissensstand besteht, der zur Gänze das Funktionieren des Universums beschreibt.

**Wenn die Wissenschaft heraus bekommt,
wie das Universum funktioniert,
baut sie dann eins?**

Der Antwort auf diese Frage kann man eine Wahrscheinlichkeit beimessen. Wenn wir wissen werden, wie das Universum funktioniert, kann es sein, dass wir es entweder für unmachbar halten werden; stattdessen mag es aber auch sein, dass ein

Universum herstellbar ist, möglicherweise sogar mit einem sehr überschaubaren Aufwand.

Stellt man diese Vorstellung in Zusammenhang mit dem Buchkapitel *„Viel Leben"*, und sei es so, dass auch nur ein weiteres Leben in der Milchstraße gefunden würde, so würde sich im Universum eine Größenordnung von 200.000.000.000 Planeten mit der Frage *„Wie funktioniert das Universum?"* beschäftigen, oder beschäftigt haben.

Somit wäre es nicht sonderlich wichtig, ob wir, die Menschheit, es hin bekommen, das Wesen des Universums zu ergründen und möglicherweise ein neues zu erschaffen. Bezogen auf die Größenordnung von möglichen 200.000.000.000 Planeten mit Evolutionen stellen sich folgende Wahrscheinlichkeiten dar:

Die Erörterung, ob das Leben im Universum ein neues Universum erschafft, orientiert sich an drei Wahrscheinlichkeiten:

$P_1=$ **Die Wahrscheinlichkeit, ob innerhalb der Milchstraße ein der Erde vergleichbarer Planet gefunden würde, auf dem sich das Leben ereignet, und damit hochgerechnet die Existenz von ca. 200.000.000.000 belebten Planeten im Universum anzunehmen ist.**

$P_2 =$ **Die Wahrscheinlichkeit, ob aus einer dieser Evolutionen die Erkenntnis erwächst, wie das/ein Universum funktioniert.**

$P_3 =$ **Die Wahrscheinlichkeit, ob mittels einer wissenschaftlichen Erkenntnis ein Universum erstellt werden kann.**

Die resultierende Wahrscheinlichkeit P_U, ob also ein Universum aus der Erkenntnis über das Universum hervorgeht, errechnet sich demnach wie folgt:

$$P_U = P_1 * P_2 * P_3$$

Zu P_1:

Wenn ein weiteres Leben in der Milchstraße gefunden würde, wäre die Wahrscheinlichkeit *P_1=1* . Denn die mindestens zwei belebten Planeten der Milchstraße würden sich auf die 100.000.000.000 Galaxien des Universums hochrechnen lassen.

Zu P_2:

Dass das Leben auf der Erde – oder auf einem anderen belebten Planeten - Erkenntnis über die Funktion des Universums erlangt, mag z.B. bei ca. 0,01% liegen. Wenn wir Jahrtausende weitere Zeit hätten, um das Universum zu erforschen, dann wäre es bei dem Wissenszuwachs wohl sehr sicher, dass wir die Funktionsweise des Universums ergründen. Das Zeitfenster zwischen einer globalen Selbstzerstörung und einem Erkenntnisgewinn, wie das Universum funktioniert, mag sehr kritisch sein, und deswegen wird die Wahrscheinlichkeit auch nur recht gering – bei diesen 0,01% - angenommen. Grob gemittelt ist die Wahrscheinlichkeit zwischen Null und Eins, also im Greifbaren Bereich.
Bei den vielen möglichen Evolutionen ist die Erwägung der Größe einzelner Wahrscheinlichkeiten nicht besonders wichtig.
Bei der Annahme *P_1=1* und damit verbundenen, belebten 200.000.000.000 Planeten ist *P_2* ebenso nahezu gewiss nahe 1 .

$$P_2 = 0,01\% + (99,99\% * 0,01\%) + (99,98\% * 0,01\%) + (99,97\% * 0,01\%) + \dots$$
$$\Rightarrow \quad P_2 \sim 1$$

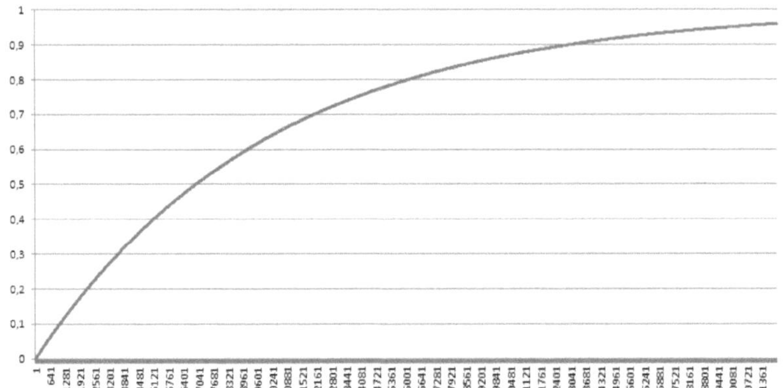

Abb: Charakterisik von P₂:Schon bei der Einzelwahrscheinlichkeit von 0,01 Prozent, dass eine Evolution das Universum versteht, wäre bei 32.000 Evolutionen die Erkenntniswahrscheinlichkeit bei 96%.

Zu **P₃:**

Die Wahrscheinlichkeit, dass im Universum ein neues Universum erschaffen würde, wäre dann nur noch von der Umsetzbarkeit P_3 abhängig:

$$P_U = 1 * 1 * P_3$$

Wenn z.B. allein 1.000 der 200.000.000.000 Evolutionen eine 0,1% Chance bei der Umsetzung eines Universums hätten, wäre auch P_3 ebenso fast gewiss.

Die Schlussfolgerung daraus ist:

**Wenn ein weiteres Leben (eine weitere Evolution)
im Universum gefunden wird,
ist eine Erkenntnis, wie das Universum funktioniert,
nahezu gewiss.**

**Da dann eine Vielzahl von Evolutionen die Herstellung eines
Universums versuchen würde,
ist die Wahrscheinlichkeit,
dass vom Leben ein weiteres Universum erschaffen wird,
beträchtlich.**

Auch wenn diese Theorie nicht nietundnagelfest ist, so gibt es doch eine beträchtliche Gewissheit, dass mit der Erkenntnis über das Funktionieren des Universums auch eine Umsetzung einhergeht.

**Die Erfindungskette einer Evolution endet im besten Fall in der
höchstmöglichen Erfindung, der des Universums.**

Der Gedankengang dieses Kapitels erhält aufgrund von Wahrscheinlichkeiten eine hohe Plausibilität, dass innerhalb von Universen – oder unabhängig von Raum - weitere Universen erschaffen werden könnten, und zwar vom Leben. Und da die Gravitation offenbar nicht abschirmbar ist, ergäbe sich eine weitere Plausibilität, da – im Falle, dass die Gravitation des bisherigen Universums auf das neu erschaffene Universum wirkt – genau die Gravitation, die wir bisher von Multiversen außerhalb des Universums annehmen, auszugleichen ist und die Kosmologische Konstante begründet. Die Schlussfolgerung daraus ist:

**Neue Universen sind kleiner als das Universum,
in dem sie erschaffen werden, oder unabhängig von Raum.**

Die Beschreibung der Herstellungsanleitung eines Universums lässt sich im 3D-Raum abbilden. Die Ergebnisvielfalt des makroskopischen 3D-Raums ist – im Gegensatz zur Quantenwelt – deterministisch, weswegen sich alle Lösungen bereits im 3D-Raum befinden und sich durch rechnerische Permutationen – z.B. in Form des *„Zuckerwürfelexperiments"* *(siehe Seite 88)* – produzieren lassen. Das *Zuckerwürfelexperiment* liefert mindestens die Fragmente der Lösung, wie ein Universum zu erschaffen ist.

Die Suche nach Leben im Universum hat also eine hohe Wichtigkeit, da das Finden neuen Lebens die These *„Das vom Leben erschaffene Universum"* sehr nahe legt. Und wenn das Leben neue Universen erschafft, dann gibt es eine gute Chance, dass die Sehnsucht des Lebens nach einem Himmel Teil eines Universums ist.

Die im Roman *„Das kleinste Teilchen ist ein Universum"* beschriebene *Erfindungskette* ist die Grundlage der These, dass Universen vom Leben erschaffen sind und werden.

Die Definiton, was Kunst ist

Der freie Wille

Der Wille von Lebewesen ist nicht frei, weil die Kette von Erfindungen wesentlich fest bestimmt ist und final zur (Er)findung des Universums führt. Hätten wir einen freien Willen, so würden wir entscheiden, was wir (er)finden, und was nicht.

Schlusswort und die Widerlegung Krauss' Aussagen mindestens in einem Punkt

Mein Lieblingswissenschaftler Lawrence Krauss spricht *„Forget Jesus"* aus, was nur falsch sein kann, weil mindestens der historische Mensch *Jesus von Nazareth* so wundervolle und richtungsweisende Dinge machte, zudem für den wundervollen Gedanken der *Feindesliebe* steht, als dass man diesen Jesus nie vergessen könnte und sollte.

ANHANG

Zusammenstellung nachdenkerischer Inhalte aus dem Roman
Das kleinste Teilchen ist ein Universum,
erweitert und überarbeitet.

Grobe Inhalte der Gedanken Matthew Widgets
(Romanfigur aus *„Das kleinste Teilchen ist ein*
Universum")

Die Romanfigur Matthew Widget geht davon aus, dass der
Mensch zu keinem Zeitpunkt ein richtiges Bild von Welt und
Universum hatte. Sowohl das Antike, als auch das Geo- und
Heliozentrische Weltbild seien mindestens in einem
wesentlichen Punkt falsch gewesen. Er leitet daraus die
Annahme ab, dass auch die aktuellen Bilder von Welt und
Universum wesentlich falsch seien, nicht zuletzt deswegen,
weil es heutzutage sehr viele unterschiedliche Deutungen
gibt, von denen entweder nur eine oder gar keine richtig sein
kann. Insbesondere beziehen sich in seinen Augen die
Deutungen der heutigen Wissenschaft wesentlich auf Dinge,
die außerhalb unseres natürlichen Sichtfelds liegen, so auch
im Falle möglicher mehrfacher Universen.
Er schreibt davon, dass innerhalb des sichtbaren Universums
genug Dinge zu erforschen sind. Im Falle dessen, dass man
vergleichbares Leben auf einem anderen Planeten fände, so
hätte das extreme Auswirkungen auf die Hochrechnung, wie
viel Leben im Universum zu erwarten sei. Fände man nur ein
weiteres, vergleichbares Leben in unserer Milchstraße, so
müsse die erwartete Menge von belebten Planeten in der
Größenordnung von 200.000.000.000 liegen. Und im Falle
dessen wäre eine Erörterung sinnvoll, was es mit diesem
Leben auf anderen Planeten auf sich hat.
Matthew Widget geht dafür auf das Verständnis von 3D-Raum
und Masse ein. Er verweist auf den Umstand, dass innerhalb
von Felsblöcken und anderen soliden Körpern alle möglichen
3D-Skulpturen bereits vorhanden seien, und es für
körperliche Erfindungen ausschließlich der Freilegung
derselben – z.B. durch Hammer und Meißel – bedürfe. Er
beschreibt den Urknall als Möglichmachen von körperlichen

Erfindungen. Zeitlich genau mit Entstehung von Masse und 3D-Raum habe es bereits die Abbildung aller Möglichkeiten und Erkenntnisse gegeben, so auch von „e=mc2" oder „Im Anfang war das Wort". Deswegen ist für Matthew Widget die stupide Masse ein Träger allen Wissens und aller Erkenntnis. Und da es diese stupide, statische Masse auf allen Planeten des Universums gibt, so stünde auch dort das Leben vor dem Finden von Dingen wie Rad, Patronenhülse oder anderen gegenständlichen Körpern. Er verweist auf die Kette von Erfindungen, dass z.B. ein Rad die Erfindung eines Fahrzeugs nach sich zieht und auf Phänomene wie Pyramiden, die trotz räumlicher und kultureller Trennung auf verschiedenen Kontinenten recht gleichzeitig erschaffen wurden. Er geht davon aus, dass auf den möglichen anderen 200.000.000.000 belebten Planeten die Kette von Erfindungen stets sehr ähnlich verläuft und bei der Erkenntnis um die Allgemeine Relativitätstheorie, der Nutzung von Kernenergie und der Möglichkeit, Schwarze Löcher zu erzeugen, endet. Gewissheit, dass andere Zivilisationen auf gleiche Erfindungen und Erkenntnisse stoßen, sieht Matthew Widget darin bewiesen, dass Erkenntnis aufgrund von massenhaften Berechnungen auf Computern erzeugt werden könnte. Schon bei der heutigen Leistung von Computern ließen sich Ergebnisse wie „e=mc2" aus stupiden, massenhaften Berechnungen (Permutationen) erzeugen, darüber hinaus auch alle anderen Erkenntnisse, die sich mit ungefähr 40 Buchstaben oder Zahlen abbilden lassen. Genauso könnten auch andere Zivilisationen mit Computern Wissen durch massenhafte Berechnungen erzeugen. Somit ist in seinen Augen die Neuschöpfung körperlicher - also nicht woanders schon vorhandener einfarbiger Skulpturen - nicht mehr möglich.
Als Schluss aus der hohen Wahrscheinlichkeit, dass extrem viel Leben im Universum bestehen mag, sowie der naheliegenden Annahme, dass dieses andere Leben am Ende

der Erfindungskette auch mit Versuchsaufbauten wie CERN kleine Schwarze Löcher nachzustellen versucht, folgert Matthew Widget, dass viele Schwarze Löcher im Weltall durch fehlgeschlagene Versuche wie in CERN entstanden seien. Und da sich Schwarze Löcher so dramatisch vergrößern, seien sie das einzige Lebenszeichen, das wir von diesen vielen Zivilisationen aus der Ferne erblicken können.

Die Göttlichkeit sieht Matthew Widget in der Tatsache, dass genau aus der stupiden Masse des 3D-Raums Wundervolles wie Liebe, Zuneigung, Kunst, Nächstenliebe, Feindesliebe und vieles andere - was man als „schön" bezeichnen würde - hervorgehen. Der wissenschaftliche Nachweis, dass sich Masse, Raum und Zeit nach den stupiden, verlässlichen Naturgesetzen verhalten, und trotzdem das wundervoll Liebevolle allerorts aus dieser Masse entsteht, sowie von allen Lebewesen ersehnt wird, ist in seinen Augen wesentlich der Gottesbeweis. Und die Mannigfaltigkeit und Größe dessen, was uns umgibt, lässt eine Wahrscheinlichkeit zu, dass es einen Ort gibt, an dem Seelen zusammen in Liebe verweilen, das, was man als einen Himmel bezeichnen würde.

Der Aufbau des Zuckerwürfel-Experiments

Im Wesentlichen werden Zuckerwürfel entweder als Kubus oder als Fläche angeordnet.

Der Grundgedanke liegt darin, dass durch Entnehmen von Zuckerwürfeln Formen entstehen.

Eine Form ist für Matthew Widget die Digitalisierung eines Raumzustands.

Formen können Skulpturen, körperliche Erfindungen, Buchstaben, Zahlen oder jegliche andere Zeichen darstellen.

Der Stapel von Zuckerwürfeln ist sinngemäß also so etwas wie ein Felsblock, aus dem ein Bildhauer vorhandene Formen freilegt.

Im Versuchsaufbau sind die Zuckerwürfel schwerelos und entweder an dem jeweiligen Raumpunkt vorhanden, oder nicht.

Interessant sind für Matthew Widget alle Möglichkeiten, wie sich Zuckerwürfel anordnen lassen. Denn wenn man alle Anordnungen der Zuckerwürfel zueinander erzeugt, dann kann man keine neuen, andersartigen Anordnungen im Nachhinein erschaffen.

Ein einfaches Beispiel eines digitalisierten Raums ist die Anordnung von 2x2x2 Zuckerwürfeln. Daraus kann man 256 (= 2 hoch 8) Formen erzeugen, sofern man nicht darauf achtet, dass gleiche Formen – gedreht oder verschoben - mehrfach auftreten. Zieht man doppelt auftretende Formen ab, so kann man bei dieser Auflösung 13 Formen bilden. Die 13 Formen stellen in Augen Matthew Widgets die Digitalisierung aller im Universum möglichen Formen dar, wenn auch nur sehr unscharf dargestellt.

Das gleiche Beispiel kann man auch mit 3x3x3 Zuckerwürfeln versuchen. Zu erwarten wäre kein großer Unterschied zum 2x2x2 Modell. Die Realität zeigt aber etwas anderes. Da bei 3x3x3 schon 27 statt 8 Zuckerwürfeln benötigt werden, so ist die Anzahl der Raumanordnungen 2 hoch 27 gleich 134.000.000 . Es ist kaum zu glauben, aber dieser kleine Stapel ermöglicht diese hohe Anzahl von Anordnungen. Die Menge ohne doppelte Formen liegt bei 3x3x3 immer noch bei 2,8 Millionen. Das heißt, dass statt 2 hoch 27 Formen tatsächlich nur circa 2 hoch 21 Formen enthalten sind. Das ist mit 2% der Gesamtmenge zwar deutlich weniger, aber immer noch sehr viel, durch die exponentielle Charakteristik des Versuchsaufbaus.

Interessant wäre es für Matthew Widget, 100x100x100 Zuckerwürfel zu stapeln und deren Raumzustände nachzustellen: Also alle Formen des Universums in einer so hohen Auflösung, in der man Skulpturen schon sehr gut erkennen kann. Diese Menge von einer Million Zuckerwürfeln ermöglicht aber eine dermaßen große Anzahl an Möglichkeiten, dass kein Computer dieses Planets - und ggf. auch kein Computer im Universum – derart viele Formvarianten nachstellen könnte.

Geht man vom größten Speicher aus, der heutzutage üblich ist (1 YottaByte, die Art von Speicher, die die NSA zum Speichern aller Daten verwendet), so lässt sich eine Menge von 192 Zuckerwürfeln in einem Computermodell – also virtuell - berechnen und abspeichern, also grob 6x6x5 Zuckerwürfel. Matthew Widgets Formen des Universums sind also immer noch sehr unscharf in diesem Modell dargestellt. Auch eine Vertausendfachung dieses großen NSA-Speichers würde nur 10 Zuckerwürfel mehr (=202) als Datenmodell ermöglichen.

Ordnet man die rund 192 Zuckerwürfel aber als Fläche an, so kann man durchaus Buchstaben und Schriftzüge erkennen.

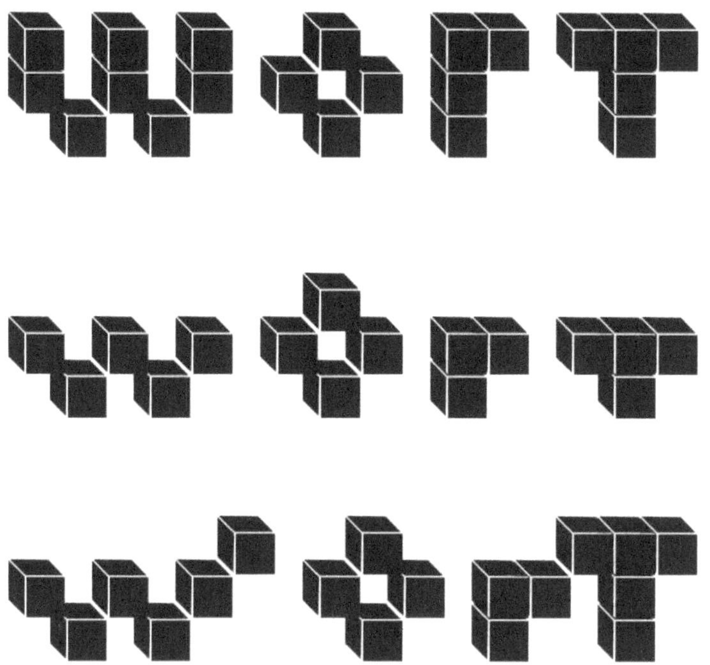

Abb. 1: In einem Zuckerwürfelfeld von 3x16 Stück entstehen beim Durchspielen aller Varianten verschiedene Abbildungen des Begriffs „Wort".

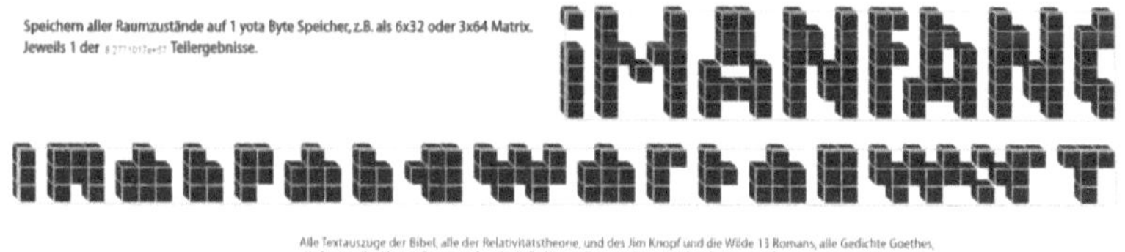

Abb. 2: Das Beispiel zeigt 5x36 Zuckerwürfel und Schriftzüge, die automatisiert aus der massenhaften Datenberechnung entstehen und gespeichert würden.

Das Experiment wirkt trivial. Aus Zuckerwürfeln, Legos oder Dominosteinen Worte oder Figuren zu bauen, erscheint nicht außergewöhnlich, da nicht zuletzt Kinder derartiges des Öfteren spielen.

Die Dramatik sieht Matthew Widget in der Gesamtheitlichkeit, wie er es beschreibt.

Denn wenn ein Computerprogramm alle Varianten errechnet und speichert, so gibt es in der betreffenden Auflösung – als Schwarzweißansicht - alle möglichen Ergebnisse auf Festplatte: Also „e=mc2", alle Buchausschnitte in der Länge von 36 Buchstaben, die je ein Buch beinhaltet hatte, hat, oder beinhalten wird.

Abb. 3: Das Beispiel zeigt 5x11 Zuckerwürfel. Aus der massenhaften Datenberechnung (Permutation) dieser Größe entstände die Erkenntnis „E=mc2"

Das Zuckewürfelexperiment im Kleinen: Wie jeder Urmensch es hätte durchführen können

Die Durchführung des Experiments mit möglichst vielen Zuckerwürfeln wäre interessant, da die Resultate scharf und inhaltsreicher würden.

Das Zuckerwürfelexperiment ist aber auch dann interessant, wenn man auch mit wenigen Elementen alle Möglichkeiten durchspielt, so z.B. mit einer Fläche von 3x3 Zuckerwürfeln, in der Größe eines Tic-Tac-Toe-Feldes.

Das Spannende hieran ist, dass keine große Rechenleistung, sprich keine Computer, erforderlich sind, sondern es jeder Mensch – und womöglich viele Lebewesen auf vermeintlich anderen Planeten – durchführen könnten.

Das Resultat sind 512 Aufteilungen, also mathematisch gesprochen *Permutationen*.

Und welche neun Repräsentanten man dafür benutzt, ob es Zuckerwürfel sind – oder Knochen, mit denen ein Steinzeitmensch spielt – ist unwichtig.

Dadurch, dass aus der Gesamtheit, der Fülle eines 3x3 Feldes Teile entnommen werden, ist es z.B. so, dass dieses Experiment unwillkürlich fast alle Bauteile des heutigen Stahlbaus umfasst, darunter T-Träger, Doppel-T-Träger, U-Profile und vieles mehr.

Das „dumme" Durchspielen aller Raummöglichkeiten „erfindet" alle Grundlagen des heutigen Stahlbaus, und wenn einst ein Steinzeitmensch so avantgardistisch war, dieses Experiment im Sand mit Knochen durchzuführen, so hat er in dem Moment den Stahlbau begründet.

Das Experiment funktioniert aber ebenso in Milliarden von Lichtjahren Entfernung, auf der anderen Seite des Universums.

Im Folgenden die Abbildungen der 512 Möglichkeiten und deren Formergebnisse.

Das Zuckerwürfelexperiment,

das auch am anderen Ende des Universums funktioniert.

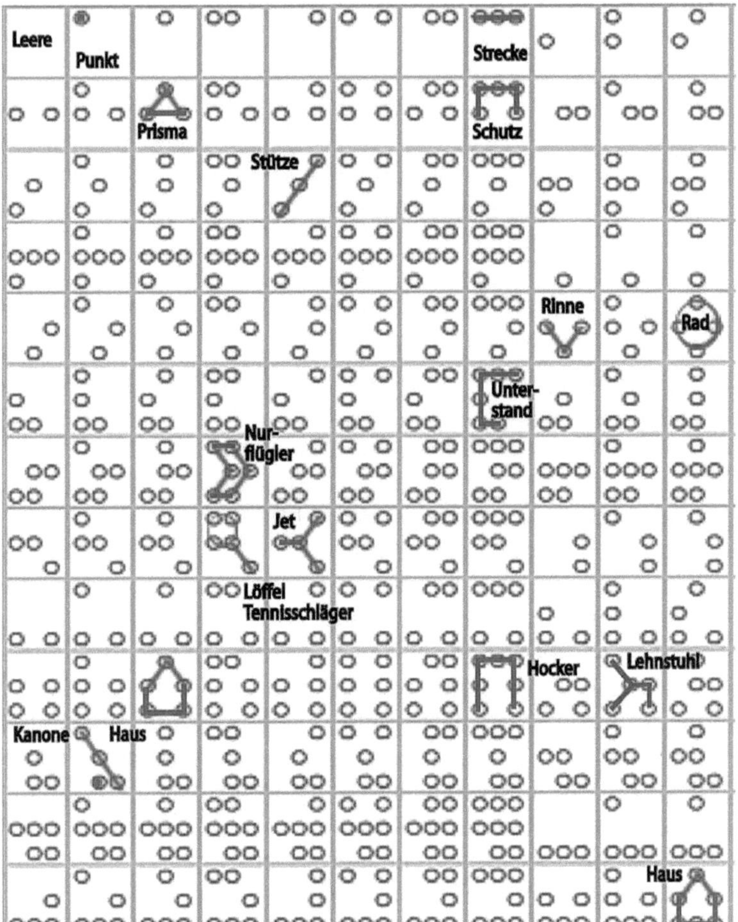

Leere

Punkt

Strecke

Prisma

Schutz

Stütze

Rinne

Rad

Unter-
stand

Nur-
flügler

Jet

Löffel

Tennisschläger

Hocker

Lehnstuhl

Kanone

Haus

Haus

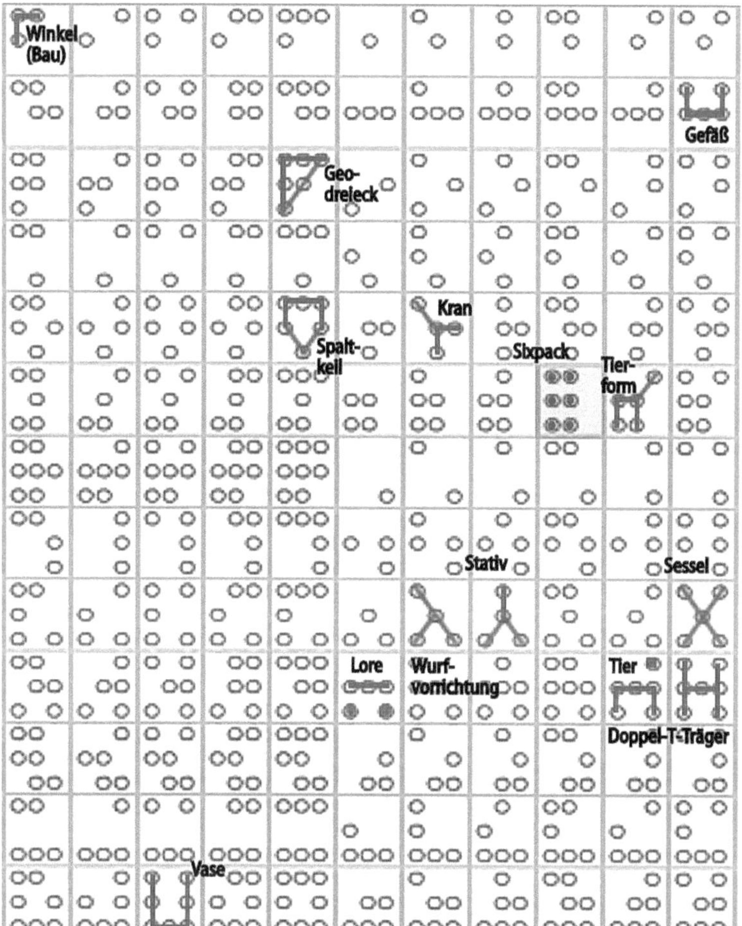

Winkel
(Bau)
Gefäß
Geo-
dreieck
Spalt-
keil
Kran
Sixpack
Tier-
form
Stativ
Sessel
Lore
Wurf-
vorrichtung
Tier
Doppel-T-Träger
Vase

T-Träger

Hammer

Kreuz

Zwille

Abstützung

Mensch

Pfeil

Turnübung

Doppelkeil

Auto

Haus

Fülle

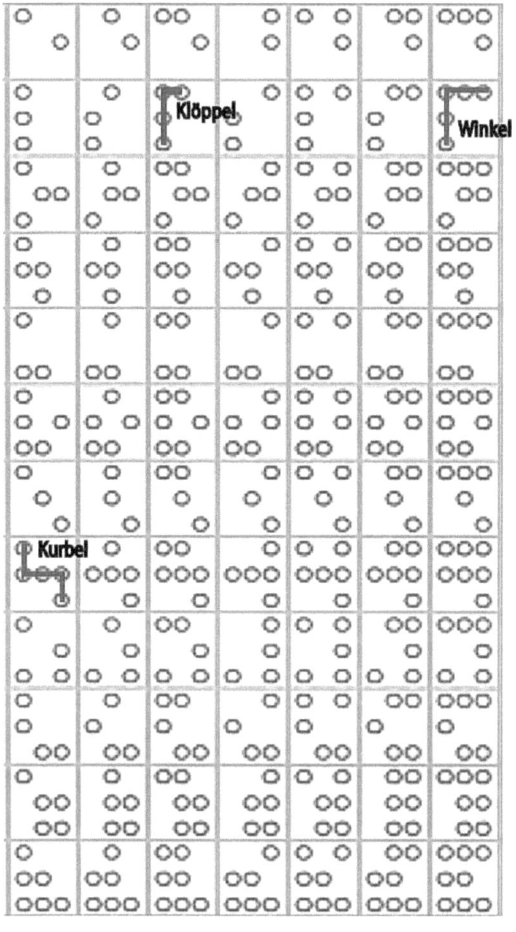

Klöppel

Winkel

Kurbel

Von Aaron und den falschen Weltbildern

(Gesamtfassung)

Als es Abend wurde, und die Dunkelheit über den Bergen herein brach, legte sich Aaron auf den kargen Boden und blickte in den Himmel. Er hatte sein Tageswerk vollbracht. Seine Augen und Gedanken schweiften ein weiteres Mal in die Ferne, auf das, was am Tage über ihm war. Bei seinen Handelsreisen hatte er jeden Abend Zeit, darüber nachzudenken, wie der Himmel funktioniert. Es waren so viele Sternenbilder zu sehen, und jeden Abend sahen sie gleich aus, bis auf den Mond, der so groß und von Mustern durchzogen war. Auf das Schauspiel der Natur zu schauen, war sein alltäglicher Genuss, die Belohnung seiner steten Reise. Tausende Male hatte er sich vor dem Schlafen alles genau beschaut. Und wie das da oben genau funktionierte, war ihm nicht klar, außer dem, was augenscheinlich und logisch war: Alle Himmelskörper umringten das flache Land, auf dem er lebte und Handel trieb.

Aus heutiger Sicht wissen wir beide, dass das Bild, was der Aaron da hatte, wohl nicht stimmt. Die Welt ist kein flaches Land, und die Himmelskörper kreisen nicht um uns, mit Ausnahme des Mondes. Die Wissenschaft hat sich dramatisch weiter entwickelt. Heute wissen wir, wie alles funktioniert, denn kluge Köpfe und Raumschiffe haben ja alles erkundet. Wir sind zudem auf dem Mond gelandet, und haben festgestellt, dass dieser auch wirklich da ist, und dass man auf ihm laufen und zurück auf die Erde blicken kann. Auch den Mars haben wir bereits erkundet, und Teleskope zeigen uns den Rest des Universums. Wir haben bewiesen, dass Masse, Raum und Zeit voneinander abhängig sind. Und nur mit dieser Erkenntnis ist es möglich, Satelliten und deren Signale so genau zu deuten, dass GPS-Systeme anzeigen, wo wir uns auf dem Erdball gerade befinden. Der Drops ist also gelutscht, wir wissen, wie alles geht und funktioniert.

Der wissenschaftliche Mensch hat eine Eigenart: Er meint zu wissen, wie alles funktioniert. Der Aaron, der auf seinen Handelsreisen in den Himmel schaute, war sich sicher, dass seine Sicht auf die Dinge richtig sei. Sein Leben funktionierte. Der Himmel fiel ihm nicht auf den Kopf, und das Land trug ihn. Und das Land war eben. Ab und zu gab es zwar ein paar Berge, auf die er hoch steigen musste mit seinem bepackten Esel, aber wo es hoch ging, ging es auch alsbald wieder runter, und am Ende seiner Reise war wieder das Meer vor ihm, wo alles ganz flach und eben war.

Auch wir in der heutigen Zeit sind uns so sicher wie der Aaron. Bis auf ein paar Feinheiten, wie nun genau das kleinste Teilchen aussehen mag, meinen wir alles zu wissen. Und wir bestärken uns mit gutem Grund in unserem Wissen, denn die GPS-Systeme funktionieren ja. Das, was der Einstein da über Raum, Masse und Zeit behauptete, stimmt ganz sicher, weil wir sein Wissen anwenden, und zwar sehr genau und sehr geschickt. Und weil wir alles so genau wissen und unsere wissenschaftlichen Erkenntnisse weitreichend anwenden, gibt es keinen Zweifel an unserem Bild von Welt und Universum. Die Wissenschaft hat gesiegt, alles ist beantwortet.

An dieser Stelle müsste das, was ich hier schreibe, dann ja eigentlich zu Ende sein. Alles ist gesagt. Das, was man früher dachte, ist falsch, und was wir heute wissen, ist alles richtig und bewiesen.

Es gibt da bloß einen Haken, und dieser eine Haken bewegt mich, als Durchschnittsmensch und Nichtphilosoph, diese Gedanken für Dich aufzuschreiben. Es ist offensichtlich: Alle bisherigen Weltbilder waren grottenschlecht und substanziell falsch, und diese Erkenntnis bewegt mich dazu, anzunehmen, dass auch das aktuelle wissenschaftliche Bild von Welt und

Universum substanziell falsch ist, wenn nicht sogar falscher als alle vorigen.

Im Groben beginnt meine Reise durch die Weltbilder genau bei diesem Aaron. Dieser war ein Händler im Altertum. Möglicherweise hat er 3.000 Jahre vor Christus gelebt, als Sohn eines durchschnittlichen Elternhauses, in dem auch der Vater Handelsmann war und seine Kenntnisse über den Beruf seinem Sohn weiter vermittelt hatte. Seine Mutter war zuhause, kochte und machte sich weniger Gedanken über Weltbilder, sondern sorgte für das leibliche Wohl der Familie und war das Zentrum der Liebe und Güte. Eines Tages zog Aaron dann in die weite Welt, um Handel zu treiben, zündete sich allabendlich ein Lagerfeuer an, um zu speisen, sich zu wärmen und wilde Tiere von sich fern zu halten. Und wäre sein gesamter Tag mit Arbeit ausgefüllt gewesen, hätte er sich wohl auch niemals Gedanken gemacht, wie die Welt und das Universum funktionieren mögen. Aber allein am Lagerfeuer zu liegen, war eben ein wenig fad, und so schweifte sein Blick in den Himmel, und er fühlte sich inspiriert, darüber nachzudenken, was da oben sei.

Aaron hatte von seinem Vater kein wissenschaftliches Wissen vermittelt bekommen. Seine Erkenntnisse erwuchsen also in ihm selbst, durch Beobachtung und Deutung. Wie sollte das Land auch etwas anderes sein als eine ebene Fläche, auf der sich hier und da Berge befanden? So wie es war, erschien es ihm logisch. Ebenso logisch war es, dass der Himmel über dem Land komplett ausgefüllt war. Der Himmel begann am Horizont, und wenn er sich einmal umdrehte, endete der Himmel am anderen Horizont. Und die Sonne ging auf der einen Seite auf und auf der anderen Seite unter, eben fast immer an der gleichen Stelle. Der Himmel mutete ihm an wie ein Zelt, das er von den Beduinen kannte. Möglicherweise hatte sein Vater ähnliche Gedanken gehabt wie er selbst, als auch er am Lagerfeuer lag, an Abenden seiner langen

Handelsreisen. Wie auch immer: Er hatte mit seinem Sohn Aaron nie über den Himmel gesprochen. Zwar brachte er ihm bei, zu zählen und zu rechnen, als dass er Handel betreiben konnte. Eine Weitergabe wissenschaftlicher Gedanken erfolgte aber nicht; nicht zuletzt, weil Sohn und Vater sich alsbald wenig sahen und beide getrennt als Handelsreisende durch die Lande zogen.

Der Vater des Aaron hatte also schon ganz interessante Gedanken entwickelt, was es mit dem Himmel auf sich haben könnte, mit seinem Sohn aber nie darüber gesprochen. Zudem war er selbst auch nicht des Schreibens mächtig, ebenso wenig wie sein Sohn Aaron. So begab es sich, dass der Vater des Aaron seine wissenschaftlichen Gedanken weder an seinen Sohn weiter gegeben noch aufgeschrieben hatte, und somit weder Aaron noch ein anderer Mensch – auf Grundlage schriftlich festgehaltener Erkenntnisse – seine Gedanken hätte fortführen können. Die Geschichte ging also so, dass der Vater des Aaron sein Bild von der Welt hatte, nie mit seinem Sohn darüber sprach und eines Tages verstarb. Aaron entwickelte selbst ebenso ganz interessante Gedanken und Deutungen über die Welt und verstarb aber ebenso, ohne etwas an seine eigenen Kinder weiter zu geben.

Was bedeutet das konkret für unsere Weltbilder? Menschen der Frühgeschichte und des Altertums machten sich – aus Neugier und Forschersinn – Gedanken darüber, was es mit der Welt auf sich haben könnte, entwickelten also ein persönliches Weltbild bzw. eine „Anschauung" der Welt, und das im ureigentlichsten Sinne. Sie beschauten sich die Welt, wenn sie täglich zur Ruhe kamen; sie führten eine Weltanschauung durch. Ihr Gedankengut versiegte aber gemeinhin, weil sie starben und ihr Wissen nicht vererbten.

Beginnen wir rechnerisch also bei den Anfängen des heutigen Menschen - dem Homo Sapiens vor 200.000 Jahren - und gehen wir davon aus, dass jede Generation 20 Jahre beträgt, so gäbe es ca. 10.000 aufeinanderfolgende Weltbilder pro Stammbaumlinie. Jeder Mensch hatte ein wissenschaftliches Bild von der Welt, mit seinem Versterben versiegte jedoch das Gedankengut, bis der Mensch fähig war, Wissen zu konservieren. Jedes dieser Weltbilder war wohl nicht besonders nah an dem, was wir als Wirklichkeit bezeichnen würden. Aber wer will den Urmenschen schon einen Vorwurf dafür machen. Trotzdem ist es interessant zu mutmaßen, ob einer der bisherigen circa 108 Milliarden Menschen ein interessantes oder sogar bedeutendes Weltbild entwickelt hatte, das vielleicht sogar bahnbrechend war. Selbst wenn die Chance auf ein derart bahnbrechendes Weltbild nur bei 1 zu 108 Milliarden liegen würde, hätte es statistisch wohl einen Menschen gegeben, der ein herausragendes Bild von unserer Welt hatte.

Das Konservieren von Wissen war also ein entscheidender Punkt, dass ein neu geborener Mensch nicht wieder bei Null anfangen musste, weiter zu denken. Denn beim Denken gibt es eine gehörige Einschränkung, über die sich niemand hinwegsetzen kann: Die Länge des Lebens. Die Denkkapazität eines Lebens ist beschränkt. Der Urmensch, der immer wieder neu anfangen musste, zu denken, hatte demnach fast keine Chance, ein modernes, wissenschaftliches Weltbild zu entwickeln. Was ist aber nun die erste vorsätzliche Konservierung von Wissen? Die Antwort liegt wohl in den Begriffen Wort, Bild und Schrift. Mit der Entwicklung von Schrift ergab sich nicht nur eine Veränderung im Zusammenleben der Menschen, sondern auch die Chance auf die Konservierung von Wissen. Der Mensch musste nicht mehr von vorne anfangen zu denken, sondern las gemalte Bilder in Höhlen ab und wusste nun, dass Mammuts beim Pinkeln nicht das Bein heben.

Wenden wir uns wieder Vater und Sohn zu, so hätte Aaron eine viel bessere Grundlage zum Weiterdenken gehabt, wenn ihm sein Vater gesagt hätte, dass die Sonne im Osten auf und im Westen untergeht. Dann hätte sich Aaron mit diesem Thema nicht mehr auseinander setzen müssen. Die Erkenntnis des Vaters hätte Aaron in Form der Sprache vernommen, diese Erkenntnis erst einmal nicht in Frage gestellt und auf dieser Grundlage sein wissenschaftliches Denken fortgesetzt. Und das hätte zur Folge gehabt, dass unser Aaron am Ende seines Lebens wohl einen höheren Wissensstand gehabt hätte und möglicherweise ein besseres Weltbild, weil er mehr Kapazität und Zeit zum Denken über „neue" Dinge gehabt hätte.

Grob gesprochen geht es bei der Fortentwicklung von Wissen also um zwei Wissensanteile: Das Wissen, was einem aus vorherigen Leben übermittelt worden ist, und die Neuentwicklung von Wissen, in Form eines kreativen Aktes, einer Wissensneuschöpfung.

Für meine Behauptung, wie schlecht die bisherigen Weltbilder seien, lässt sich sagen, dass die Urmenschen und Menschen des Altertums keine besonders gute Chance hatten, ein wissenschaftliches Weltbild zu entwickeln und gemeinsam zu erdenken. Die Weltbilder einzelner Menschen bis zur Neuzeit waren inhaltlich sehr beschränkt und aus heutiger Sicht falsch, was ja auch nicht weiter verwundert.

Mit Entwicklung der Sprache beschleunigte sich das Denken über Welt und Universum, da Wissen durch Sprache vererbt werden konnte. Das Himmelszelt des Aaron wurde also mit Leben gefüllt. Die Kenntnis über die hellen Punkte, die sich am Nachthimmel bewegten, wuchs und wuchs. Bestand hatte aber die Annahme, dass die Erde der fixe Mittelpunkt sei, und sich die Himmelkörper um die Welt bewegen. Mit welcher Genauigkeit beispielsweise die alten Griechen und Ägypter den Sternenlauf beschreiben konnten, ist ja ein großes Wunder. Und was die Griechen in ihrem wissenschaftlichen Glauben bestärkte, war, dass sich Ihre Erkenntnisse und

Berechnungen extrem gut für die Navigation in der Schifffahrt und in kargen Wüsten eigneten. Die Erkenntnis darüber, dass sich die Nordrichtung am Nordstern festmachen ließ, und sich die übrigen Sternenbilder um diesen drehen, war verlässlich. Egal wann und wo man segelte, man kam mit der Ausrichtung am Nordstern am gewünschten Ort an. Gepaart mit der Kenntnis über den Sonnenverlauf, der täglich und jährlich einen weiteren Orientierungspunkt bot, klappte die Welt der Seefahrer und Handelsreisenden.

Das Bild von Welt und Universum hatte sich also verändert, die Meinung unseres Aaron war nicht mehr Stand der Technik, sondern die wissenschaftliche Erkenntnis der Griechen und Ägypter. Auf dieser Wissensgrundlage ließen sich auch Landkarten erstellen, und - da man sich beim Segeln tendenziell ohnehin am Land weiterhin orientierte - klappte das Weltbild der Navigation, wie ich es nennen würde, sehr gut. Nichts desto trotz: Vergleicht man das damalige wissenschaftliche Weltbild und unsere heutigen Erkenntnisse, so ist es extrem falsch, mit der Erde als Scheibe und den Himmelskörpern, die sich am Himmelszelt bewegen. Für die damaligen Menschen gab es nicht den geringsten Anlass, an diesem Bild von der Welt zu zweifeln.

Nun war es wiederum der Beobachtungsgabe intelligenter Menschen zu verdanken, vom Bild der Erde als Scheibe abzukehren. Einige Jahrhunderte vor Christus gab es einige Bestrebungen, das komplett falsche Bild von der Welt ein wenig richtiger zu machen. Man kam auf die Idee, dass die Erde rund sei. Und dafür gab es ja auch verschiedene Anhaltspunkte, nämlich, dass Schiffe am Horizont nicht vollständig zu sehen waren, sondern der Bug im Wasser zu versinken schien. Auch war dem Menschen spätestens jetzt bewusst, dass es eine Mondfinsternis gab, und wenn diese auftrat, der Sonnenschatten auf dem Mond auch rund war. Überhaupt war die Idee, dass Himmelskörper und die Erde rund sein könnten, ja ein schöner Gedanke. Die Form eines Kreises mutete schön an, und Menschen mit Schönheitssinn hatten die Hoffnung, dass alles im Himmel und auf Erden schön rund sei. Beeindruckend ist aber, dass bereits zu dieser Zeit einige Gelehrte versuchten, rechnerisch nachzuweisen, dass die Erde rund ist. Es war ein Durchbruch, auf die Idee eines wissenschaftlichen Experiments zu kommen, bei dem - zu einem Zeitpunkt - in zwei verschiedenen Städten der Sonnenstand gemessen wurde. Es wäre jetzt ein wenig langweilig, die Originalversion des Experiments zu zitieren, da ging es nämlich um die ägyptischen Städte Syene und Alexandria. Erklären wir das Experiment, wie man es heute unsererorts erzählen würde.

Es gab also zwei Städte, die gehörig weit auseinander waren. Nehmen wir an, es handelt sich um Manchester und London. Auch wenn diese beiden Städte auf der Landkarte nicht so richtig weit auseinander liegen, könnte man sich ja vorstellen, dass die Manchester-Fans vor ihrem Stadion eine rote Fahne senkrecht in den Boden stecken, und die Anhänger von Arsenal London vor ihrem Stadion wiederum eine blaue. Und wenn nun an einem Sonnentag die Sonne über beiden Stadien scheint, und der Manchester-Fan den Arsenal-Fan anrufen und fragen würde „Hör mal, was wirft denn Eure Fahne gerade für einen Schatten", dann würde sich ergeben, dass beide Fahnen einen unterschiedlichen Schatten werfen. Nun krankt dieses Beispiel leider schon daran, das im Normalfall ein Manchester-Fan den Anruf eines Arsenal-Fans nicht freiwillig entgegen nehmen würde. Ansonsten könnte man aber abmessen, wie viele Fußballstadien zwischen die beiden Fahnen passen, so ein bisschen mit Winkeln hin und her rechnen und würde grob auf 40.000km für den Erdumfang kommen. Und erstaunlicherweise taten dies die alten Ägypter und kamen auf einen frappierend genauen Wert für den Erdumfang.

Schön und gut, aber was bedeutet das nun für unsere Bewertung von Weltbildern. Der alte Handelsreisende Aaron dachte, die Erde sei eine Scheibe und der Himmel wie ein Zelt. Das war riesig großer Kappes. Die schlauen Griechen und Ägypter kamen nun im 3. Jahrhundert vor Christus zu der richtigen Erkenntnis, dass die Erde rund sei, gingen aber immer noch davon aus, dass die Erde den Mittelpunkt des Universums darstelle: Auch großer Kappes, aber eben nicht ganz so groß wie bei Aaron. Und um es vorweg zu nehmen: Columbus war zu verpeilt, sich mal die Gebrauchsanleitung der alten Ägypter durchzulesen, wie sich die Erde bemisst. Und so segelte er mit dem Verstand eines Geisterfahrers der Abendsonne entgegen.

Die Fortschritte der Wissenschaft in punkto Weltbild waren in der Folgezeit recht stagnierend. Oder wie man es in der Fußballsprache sagen würde: „Never change a running system." In diesem *running System* konnte man wunderbar seefahren, Feldzüge führen und anderen Menschen die Köpfe einschlagen. Zudem ergab es sich, dass die Erkenntnisse über das wissenschaftliche Weltbild mit den Weltreligionen einher gingen. Die Schöpfung und der Lauf der Sterne standen nicht im Widerspruch zu den Weltreligionen. Das wissenschaftlich falsche Weltbild durfte somit auch nicht mehr angezweifelt und verbessert werden.

Das wissenschaftliche und religiöse Weltbild waren eins, und insbesondere in den Religionsbüchern schriftlich manifestiert. Die Entwicklung von 1.500 v.Chr. bis zu Christi Geburt dürfte man als deutlich inhaltsreicher betrachten als die Zeit von Christi Geburt bis Columbus. In geschichtlichen Recherchen herrscht geradezu wissenschaftliches Vakuum zum Thema Weltbild in dieser Zeit, bzw. wurde neuen Gedanken zum Thema Weltbild durch die Institutionen der Religionen massiv entgegen gewirkt. Selbst Wissenschaftler und Denker der Renaissance waren Schwierigkeiten mit der

Kirche ausgesetzt. Zwar wird dem 2. Jahrhundert nach Christus die Erfindung des Globus nachgesagt, was aber nach der Erkenntnis, dass die Erde rund sei, doch eher als handwerkliche Umsetzung zu werten ist. Die Religionen nach Christi Geburt wussten, dass die Welt rund ist. Die Annahme, dass es nicht bekannt war, gilt als falsch. Vielmehr hat man versucht, das in den Religionsbüchern vermittelte Wissen aufrecht zu erhalten.

Am liebsten würde ich mich in zeitlich richtiger Reihenfolge jetzt nochmal am Mathematikwunder Christoph Columbus auslassen, der es schaffte, die Berechnungen von Eratosthenes im 3. Jahrhundert vor Christus komplett geistig auszublenden. Denn dieser Eratosthenes verrechnete sich statt der 40.007 km Erdumfang wirklich nur um einige Kilometer. Beschaut man sich Superbrain Christoph Columbus, so weiß man gar nicht, ob er sich die Wissenschaft hinreichend beschaut hatte. Aber zum Glück knallte Columbus im Sangria-Rausch ja rechtzeitig gegen Amerika.

Die runde Welt wurde letztendlich wissenschaftlich anerkannt, wenn auch theologisch nur geduldet. Die Philosophen des Altertums genossen ein hohes Ansehen, und wer wollte den Auffassungen eines Aristoteles schon widersprechen?

Phonetisch liegen die Worte Egozentrik und Geozentrik nahe beieinander. Genau betrachtet handelt es sich nur um einen Buchstabendreher, in dem das „E" und das „G" vertauscht sind. Ebenso sind sich die Worte aber auch inhaltlich nahe. Denn als man zu der Erkenntnis gelangt war, dass die Erde rund ist, so hätte man ja auch gleich darauf kommen können, dass wir uns mit dem Erdball um andere Himmelskörper drehen, und so der optische Effekt sich bewegender Sterne und Planeten entsteht. Warum kamen wir aber auf die Idee, dass sich alles um die Erde dreht? Die Antwort mag darin liegen, dass wir alle ein wenig Aaron sind. Wir sind alle der

Mensch, der durch sein „Ich" geprägt ist. Aaron lag abends am Lagerfeuer und beschaute sich den Himmel. Er selbst war sich wichtig. Wer sollte schon Zentrum des Universums sein, wenn nicht er selbst. Oder andersrum: Wir Menschen sehen uns naturgemäß im Mittelpunkt. Gefühlt sind wir der Mittelpunkt des Universums, denn unsere Wahrnehmung findet ja in uns statt. Hätten wir unsere Augen auf dem Mond geparkt, so würde unser Sehen ja komplett anders funktionieren. Die Augen würden auf die Erde herab schauen, und der Mensch sich sagen: „Hey, die Erde ist ja nur ein Teil des Ganzen". Aaron lag aber im Wüstensand. Seine Augen waren nicht auf den Mond entschwunden, sondern Teil seines Hauptes. Er lag da, statisch und geerdet. Und seine Augen folgten vor Müdigkeit dem Lauf der Sonne und der Sterne. Und so erlag Aaron seiner Ichbezogenheit. Ohne sein Ich hätte sich die Sternenwelt nie um ihn gedreht.

Vielleicht hätte sein Vater ihm sagen sollen, dass er nicht der Mittelpunkt der Erde ist. Sein Vater aber sagte ihm, dass er immer zuerst auf sich aufpassen solle auf den weiten Handelsreisen, dass ihm sein Rock näher sein solle als vieles andere, und dass sein eigen Hab und Gut mit das Wichtigste in seinem Leben sei. Und weil Aaron mit dieser Brille durchs Leben schritt, drehte sich alles um ihn selbst, egozentrisch und geozentrisch.

Es bedurfte viel Mathematik und dem Beschauen ohne Ichbezogenheit, dass man zur Erkenntnis gelangte, dass nicht die Erde der Mittelpunkt ist, um den sich alles dreht. Mit dem geozentrischen Weltbild meinte man ja schon alles beantwortet zu haben. Die Erde war keine Scheibe mehr, sondern rund. Und doch zeigte sich auch dieses Weltbild als falsch.

Nun drehte sich alles um die Sonne. Das war ja fast eine Beleidigung für die Erde, auch im religiösen Sinne. Denn dass die Erde nun keine Scheibe sondern eine Kugel war, damit konnte man sich noch gut abfinden. Aber mit dem Drehen um die Sonne verlor die Welt gehörig an Bedeutung. Und die Erde wurde das erste Mal in eine Kategorie eingeordnet: Die Planeten. Und die Planeten kreisten um die Sonne, weil sie von ihr angezogen wurden.

Es ging um das, was wir heutzutage immer noch als Gravitation bezeichnen: Das unmittelbare sich Anziehen zweier Körper, so wie zwei Verliebte im Taumel ihrer Gefühle, die nicht voneinander lassen können und auch – wenn sie voneinander weg streben – sich ewig anziehen. Auch mit der Gravitation konnte man ja schon immer wunderbar rechnen. Die Vielzahl an Formeln entzücken ja noch heute die Schüler im Unterricht und belustigen die Menge, wenn Physiklehrer im Eifer ihrer nicht funktionierenden Versuche regelmäßig zur Slapstick-schauspielern mutieren. Wir können in Flugzeugen an Parabelflügen teilnehmen, weil wir meinen zu wissen, dass wir verlässlich und unmittelbar von der Erde angezogen werden. Ebenso funktioniert es ja mit all den Satelliten, die wir tausendfach ins All geschossen haben.

Wenn nicht eines Tages dieser Einstein, der die Sicht von der Welt ins Wanken brachte, daher gekommen wäre. Resümieren wir einmal zwischendurch: Aarons flache Erde mit dem Sternenzelt war großer Kappes, die runde Erde, um die sich alles dreht, war ebenso großer Mumpitz, und die Planeten, die unmittelbar von der Sonne angezogen werden, sollen nun ebenso irreal sein, lieber Herr Einstein? Nur weil nichts schneller als die Lichtgeschwindigkeit ist, auch die Gravitation nicht? Verflixt und zugenäht, was ist denn das alles für ein Salat. Noch nicht mal auf die Gravitation kann man sich heutzutage mehr verlassen. Da kann man ja gleich mit Columbus in ein Boot steigen. Ist genau so sicher und verlässlich.

Also wenn ich das richtig verstanden habe, klappt das so mit der Gravitation nicht. Nichts ist schneller als die Lichtgeschwindigkeit, also auch die Gravitation nicht. Und nun? Ganz einfach: Was nicht passt, wird passend gemacht. Die Lichtgeschwindigkeit und die Gravitation stehen im Widerspruch, also dichten wir mal munter weiter. Wir machen das jetzt so, dass es gekrümmte Räume gibt, rund um Körper mit viel Masse, dann verbiegt sich eben alles, auch die Umlaufbahnen, und alles passt wieder rechnerisch. Gezeichnet: Columbus. Ach ne, Einstein.

Im Taumel der Weltbilder wird einem schon ein wenig schwindelig. So viele schöne Ideen, was es mit der Erde, dem Menschen und dem All auf sich haben könnte, und alles bisher falsch. Letztendlich hat mir persönlich der Aaron mit seiner flachen Erde am besten gefallen. Da war die Welt noch in Ordnung. Alles war gerade, wenn man pinkelte, fiel das Wasser auf den Boden, egal ob im Parabelflug, gekrümmten Räumen oder wie auch immer. Da, wo Aaron hin machte, sollte man besser nicht stehen. Das war die verlässliche Wahrheit. Und die gerade Erde kommt dem Menschen ja auch am nächsten. So, wie wir die Erde empfinden, ist sie gerade und eben. Das hat irgendwo schon etwas für sich. Vielleicht sollte der Mensch auch einfach Mensch sein und diese Rolle bestmöglich wahrnehmen.

Vertraut man der Wissenschaft von heute, so muss man noch um einige Ecken mehr denken. Die Sicht vom heutigen Universum und dem All ist ja noch deutlich verworrener als das, was die frühere Wissenschaft uns präsentierte. Als im Altertum das erste Mal jemand behauptete, die Erde sei rund und nicht flach, glaubten alle anderen, der habe nicht alle Sinne beieinander. Es war doch so, dass man am Ende der Welt eigentlich irgendwo herunter fallen würde, das war doch logisch. Und jetzt sollte alles rund sein? Viele haben die Neudenker der runden Erde für verrückt erklärt. Der Mensch würde also auf der gegenüberliegenden Seite der runden

Welt auf dem Kopf stehen? Was für ein Sinneswandel? Auch die spätere Erkenntnis, dass sich die Erde um die Sonne dreht, und nicht alles um die Erde, hat bestimmt viele dazu verleitet, der Wissenschaft einen Vogel zu zeigen. Und auch der Gedanke von gekrümmten Räumen - statt traditioneller Gravitation - wirft unser Denken völlig aus der Bahn. Der Raum hat für uns eben drei Dimensionen, die gerade sind.

Zurück zur heutigen Sicht der Dinge: Erst einmal müssen wir uns vergegenwärtigen, dass wir gar nicht so weit und gut schauen können, wir eigentlich wollen, und das ist vielleicht auch gut so. Den Mond können wir sehen, und darunter zusammen romantische Abende verbringen. Mit der Theorie vom Urknall können wir ganz gut leben, auch weil wir diese Theorie schlecht durch Beobachtung widerlegen können. Der Aaron, der im Wüstensand lag, konnte prinzipiell ebenso weit gucken wie heutige Radioteleskope: Nicht besonders weit. Denn stimmt die Theorie, dass nichts schneller ist als das Licht, so können wir nur so weit schauen, wie das Licht, was bisher zu uns gelangte. Und wenn es so sein sollte, dass das Universum ungefähr 13,7 Milliarden Jahre alt ist, so kann es ja nicht anders sein, als dass wir auch nur 13,7 Milliarden Lichtjahre weit schauen können. Also müssen wir uns das so vorstellen, dass von allen Seiten höchstens 13,7 Milliarden Jahre altes Licht auf die Erde zuströmt. Das wertvollste was wir haben, ist die Gegenwart, aber was wir sehen, ist nur die Vergangenheit, und aus der auch nur ein 13,7 Milliarden Jahre alter Teil. Oder andersrum gesprochen: Unser Sichtfeld macht nur einen Teil des Universums aus, das Universum ist um ein vielfaches größer und voluminöser als unser Sichtfeld. Und das Sichtfeld ist leider das, was unsere Wahrnehmung ausmacht. Schall ist deutlich langsamer als Licht, Radiowellen bewegen sich nicht schneller als Licht, das Licht ist das äußerste und älteste, was wir wahrnehmen können.

In unserem Denken und in unserer Philosophie, was unser

Bild von Welt und dem Weltall ist, haben wir das erste Mal eine deutliche Einschränkung. Wir müssen uns damit abfinden, dass unsere Wahrnehmung nicht unendlich ist, sondern sehr beschränkt. Und dabei spreche ich nicht alleinig über die beschränkte Wahrnehmung des Christoph Columbus. Die größten Geister unserer Zeit können nur einen beschränkten Teil des Universums erblicken, unabhängig dessen, ob unsere Teleskope und technischen Hilfsmittel weiter perfektioniert werden. Wissenschaftlich hat das einen enormen Vorteil, aber gleichermaßen einen deutlichen Nachteil: Über unser Sichtfeld hinaus können wir praktisch nichts mehr richtig beweisen. Was jenseits unseres Sichtfelds liegt, ist vage, oder vielleicht sogar überhaupt nicht nachweisbar? Wie sieht der Teil des Universums aus, in den wir nicht blicken können? Manch einer könnte behaupten, dass dahinter ein weiteres Disneyland liegt, oder ein weiterer Mond, Columbus würde wohl behaupten, da gäbe es noch ein Amerika, und wahrscheinlich wieder los segeln. Und genau dieser Irrsinn ist ja das, woran die Wissenschaft heute glaubt. Die Wissenschaft glaubt, dass es mehrere Amerikas und mehrere Disneylands gibt, außerhalb des Bereiches, den wir einsehen können.

An dieser Stelle muss man sich vor Augen führen, was es mit unserer Wahrnehmung auf sich hat. Wahrnehmung ist für uns Menschen wesentlich an unser Sehen gekoppelt. Da sich Geruchspartikel eben auch nicht schneller bewegen können als das Licht, haben wir keine Chance, weiter zu riechen als zu sehen. Sehen ist ein Synonym für Licht, Licht hat die höchste Geschwindigkeit. Und nun wollen wir über einen Bereich urteilen, den wir nicht mehr sehen können? Das scheint schwierig zu werden.

Der Mensch hat sich eigentlich immer damit zufrieden gegeben, dass er sehen kann, und ihm war auch seine Sichtweite mehr als genug. Und das Sehen – gepaart mit unserer Intelligenz – hat bereits zu außerordentlichen Erkenntnissen geführt: Wir sind zum Mond geflogen, haben dort Fotos gemacht, Sonden und Kameras auf den Mars gesandt, durch die wir beeindruckende optische Abbilder von dort erhielten. Durch das Sehen können wir Dinge gut begreifen, aber haben wir eine Chance, zu begreifen, ohne das wir sehen können?

Es besteht ein Sachverhalt, der Sehen und Verständnis in ein neues Licht rückt. Denn es gibt ein Phänomen, das gigantisch ist und neue Antworten gibt, aber auch neue Fragen aufwirft: Beschaut man sich die ganz kleinen Teilchen, so lässt sich eine Kraft messen, die auf diese kleinen Teilchen wirkt und nicht wirklich zu erklären ist. Und es scheint so, dass diese Kraft darauf hin deutet, dass unser Entfernen vom Mittelpunkt des Universums nicht gleichförmig oder bremsend erfolgt, sondern wir uns stattdessen vom Mittelpunkt des Universums beschleunigt weg bewegen, also schneller werden. Und das können selbst die großen Geister unserer Zeit nur mutmaßend erklären.

Die Theorie des Urknalls ist bekannt. Dabei geht es grob darum, dass es irgendwann - also wohl vor diesen 13,7 Milliarden Jahren - „Bäng" gemacht und sich daraus alles ausgedehnt hat. Man kann sich das als ein Feuerwerkskörper vorstellen, der explodiert, sich ausweitet und irgendwann in seiner Intensität verebbt. Zündet man so einen Feuerwerkskörper im Weltall an, sieht das prinzipiell gleich aus wie bei uns zu Silvester, allerdings würde die Ausdehnung nicht verebben, weil es im Weltall fast keine Teilchen gibt, die der Ausweitung entgegen wirken. Die Teilchen des Feuerwerkskörpers würden also zuerst beschleunigt werden und sich - wenn die Energie aufgebraucht ist – gleichförmig schnell mit konstanter Geschwindigkeit nach außen bewegen.

Also müsste sich doch der Urknall ebenso verhalten wie der

Feuerwerkskörper. Es wäre zu erwarten, dass wir uns während der Ausdehnung verlangsamen. Offenbar ist das aber wirklich nicht der Fall. Wir entfliehen dem Mittelpunkt des Universums schneller und schneller. Und das macht die ursprüngliche Theorie vom Urknall ein wenig unlogisch. Was mag es für einen Grund haben, dass wir schneller werden? Was beschleunigt uns auf dem Weg aus dem Zentrum des Universums? Und wie geht die Wissenschaft mit diesem Thema um? Die Gelehrten gehen gemeinhin davon aus, dass da noch etwas ist, das außerhalb unseres Universums etwas sein muss, etwas, was Masse hat. Und das bildet die Grundlage für die Annahme, dass es nicht nur ein Universum geben mag, sondern mehrere. Die Universen grenzen möglicherweise aneinander und ziehen sich an.

Denken wir zurück an unseren Aaron, so erschien seine Auffassung von Welt und Universum greifbar und logisch. Wie beschrieben, gehen Wissenschaftler heute davon aus, dass es mehrere, möglicherweise sogar unendlich viele Universen gibt. Und ich schreibe diese Tatsache, dass schlaue Menschen von diesen vielen Universen ausgehen, auf, als wäre es nichts, als wäre es das Normalste von der Welt. Wir schalten einen TV-Sender ein, und ein Wissenschaftler berichtet uns davon, dass er nicht nur von mehreren Universen ausgeht, sondern sogar von unendlich vielen, und es könne auch so sein, dass wir unendlich oft in diesen Universen leben. Also nochmal langsam zum Mitschreiben: Dass es sich um Universen handelt, in denen wir als Person auch nochmal auftauchen, also mehrfach als Mensch vorhanden sind?

Das muss man erst einmal sacken lassen. Was wäre wohl passiert, wenn dieser moderne Wissenschaftler in anderen Zeiten gelebt und dort seine Weisheiten verbreitet hätte? Denken wir nur einige Jahre zurück und stellen uns vor, dieser moderne Wissenschaftler – nennen wir ihn Stephen –

hätte in den Sechziger Jahren gelebt. Stephen wandert durch die Straßen von London, mit seinen zotteligen, langen Haaren, einer grünen Schlaghose und einer Blümchenweste. Also bilden wir uns genussvoll dieses blumige Bild, welches wir mit dieser Ära verbinden, vor unserem geistigen Auge. Stephen sind die Zigaretten ausgegangen. Also geht er in den nächsten Kiosk, um sich bei Craig eine Schachtel zu kaufen. Er wird vom Verkäufer Craig herzlich begrüßt: „Hey Stephen, alter Haudegen, wie geht es Dir heute?"

„Alles gut bei mir, ich schreibe gerade an meiner Examensarbeit in Physik."

„Wie cool. Das ist alles zu hoch für mich. Worüber schreibst du denn so?"

„Ja, es geht hauptsächlich darum, dass das Universum, in dem wir leben, nicht das einzige ist. Wir müssen davon ausgehen, dass es mehrere Universen gibt. Genau genommen ist es so, dass die Universen nebeneinander liegen und sich anziehen."

Darauf Craig: „Stephen, ich habe Dir schon mehrmals gesagt, du sollst dieses Zeug nicht mehr nehmen. Es ist einfach zu hart für Dich."

„Nein nein John, Du verstehst mich falsch. Ich schreibe wirklich gerade über dieses Thema und werde es auch verschiedenen Wissenschaftlern vortragen. Und es ist sogar so, dass du in diesen anderen Universen auch Deinen Kiosk hast, und zwar nicht nur einmal, sondern zigfach."

Wenige Minuten später wird Stephen, inklusive seiner blumigen Weste, im nächsten Londoner Krankenhaus zwangseingewiesen, mit einer weiteren Weste, die ihm die Bewegung einschränkt und nicht über ein Blumenmuster verfügt.

So könnte es gewesen sein. Und bestimmt gibt es heutzutage auch viele Menschen, die sich nicht mit dem Thema Wissenschaft befassen und diesen Stephen ebenso für verrückt halten. Gar nicht auszudenken, was passiert wäre, wenn Stephen im Mittelalter gelebt hätte, und der Wissenschaft nachgegangen wäre. Wahrscheinlich hätte in die Inquisition sofort ereilt, und noch schlimmer, wenn der Stephen damals eine Stephany gewesen wäre.

Stellen wir vor unserem geistigen Auge den Aaron und den Stephen nebeneinander, gern auch ohne Hippie-Kleidung, sondern als Repräsentanten der modernen Wissenschaft. Welche Auffassung von Raum, Zeit und Universum ist plausibler? Die des Aaron oder die des Stephen? Vom Aaron wissen wir, dass seine Sicht von Welt und Universum substanziell wohl falsch war. So wie wir die Wissenschaft heute anwenden - also mit unseren Raumflügen, GPS-Systemen und Radioteleskopen – müssen wir davon ausgehen, dass Aaron nicht im Recht ist. Die ebene Erde und das Himmelzelt gibt es im physikalischen Sinne nicht, davon ist auszugehen. Betrachten wir uns die Auffassung des Stephen, so gehen wir erst einmal davon aus, dass seine Theorien eine Chance haben, wahr zu sein. Denn auch wenn der Stephen seine Theorie nicht beweisen kann, können wir sie dem Stephen ebenso wenig stichfest widerlegen. Aaron wurde seine Theorie stattdessen wissenschaftlich widerlegt.

Auf der anderen Seite gibt es historisch gesehen kein Bild von Welt und Universum, was richtig war. Wir leben in einer Welt und Zeitgeschichte voller falscher Weltbilder. Das ist amüsant, weil wir uns doch in der Schöpfung ganz oben sehen, und alles, was wir an Gedankensalat fabrizieren, ist falsch, seit Jahrtausenden.

Warum sollte der Stephen also aus dieser Reihe der falschen Bilder vom Universum positiv hervorstechen? Statistisch gesehen müsste doch auch seine Theorie wieder falsch sein. Vor allen Dingen stellt sich ja erstmalig die Problematik, dass wir nicht weit genug sehen können. Alle bisherigen, falschen Weltbilder bewegten sich ja innerhalb unseres Sichtfelds. Die Erde haben wir fälschlicherweise flach gesehen, aber wir haben sie gesehen. Auch das Sternenzelt war sichtbar, wenn auch mehrere Male falsch gedeutet.

Der Stephen hat ein ganz großes Problem. Er bewegt sich mit seinen Gedanken außerhalb unseres Sichtfeldes, und wenn alles so bleibt, dass offensichtlich nichts schneller als die Lichtgeschwindigkeit ist, wird er auch auf absehbare Zeit keine Chance haben, in andere Universen zu schauen, so es sie denn gibt. Alles, was ich nicht sehen kann, glaube ich persönlich nicht. Der Stephen wird es schwer haben, mich von seiner Theorie zu überzeugen.

Und wer kennt es nicht aus seinem privaten Leben: Es passiert ja, dass man gedanklich auf die falsche Bahn gerät und dann versucht, das eine Loch mit dem anderen zu stopfen. Man erzählt eine Unwahrheit, und damit alles plausibel bleibt, hängt man die nächste Unwahrheit gleich hinten dran. Und mit der Zeit geschieht es, dass man nicht genügend Löcher hat und sich besinnt, dass die erste Lüge schon eine zu viel war.

Bezieht man das auf die aktuelle Wissenschaft, so haben wir Probleme mit unserer Theorie von der Gravitation bekommen, mit der Vermutung, dass nichts schneller sei als das Licht. Also haben wir uns gekrümmte Räume ausgedacht, um dieses Loch zu stopfen. Das beschleunigte Ausdehnen unseres Universums - auf das wir leider durch physikalische Messungen gestoßen sind - macht unseren Theoriesalat immer mannigfaltiger. Also müssen neue Universen her, damit alles wieder passt.

Die zentrale Frage ist doch vielleicht, ob wir überhaupt Dinge, die außerhalb unseres Sichtfelds liegen, werden nachweisen können? An dieser Stelle besteht doch ein dramatischer, logischer Bruch. Haben wir überhaupt jemals die Chance, einen Nachweis über die Theorie von Paralleluniversen zu führen, wenn wir sie ganz sicher niemals werden sehen können? Oder ist das die physikalische Blockade, die uns ein

Gott gebaut hat, damit wir mit der Wissenschaft substanziell nicht mehr weiter kommen, und alle Theorien Theorien bleiben?

Es ist dramatisch und fast beängstigend, dass dutzende namhafter, intelligenter und belesener Wissenschaftler die Theorie von Paralleluniversen vertreten. Und ich denke, dass wir uns diese Begebenheit praktisch gar nicht vor Augen führen. Wahrscheinlich bekommt es die Menschheit gar nicht mit, dass die Möglichkeit von Paralleluniversen besteht. Befragt man 100 Menschen in der Fußgängerzone, ob sie Kenntnis darüber haben, dass Wissenschaftler von Paralleluniversen ausgehen, wie viele würden wohl darüber Bescheid wissen? Ich habe keine Statistiken darüber, aber ich schätze, dass möglicherweise 10% der Menschen grob wissen, dass eine Existenz von Paralleluniversen im Raume steht. Von diesen 10% beschäftigt sich aber offenbar so ziemlich keiner mit dem Thema. Vielleicht hätte man in der Tagesschau mal mit den Worten beginnen sollen:

„Sehr geehrte Damen und Herren, Willkommen zur Tagesschau. Namhafte Wissenschaftler gehen davon aus, dass es nicht nur dieses eine große Universum gibt, sondern wahrscheinlich mehrere."

Stattdessen ist es aber so, dass die Menschen lieber zum Sommerschlussverkauf gehen und den Rasen mähen, ohne sich Gedanken über das Thema zu machen.

Ich selbst finde den Gedanken, dass es Paralleluniversen gibt, unfassbar. Und die Vorstellung davon berührt mich zutiefst. Und dabei geht es mir gar nicht mal um den wissenschaftlichen Hintergrund oder die spektakuläre These, die ja so unvorstellbar erscheint. Es geht mir um ein anderes Bild, dass der Mensch sich ausmalt, wenn er sich auf eine Ebene von Gläubigkeit begibt: Das Bild des Himmels.

Die Worte von Stephen W. Hawking habe ich schallend in meinem Ohr. Er spricht davon, dass die Wissenschaft viel bessere Antworten liefere, als dass es notwendig wäre, über die Existenz eines Gottes nachzudenken. Der Glaube und Gläubigkeit wird in unserer Kultur zunehmend unpopulärer. Fragt man wiederum Menschen in der Fußgängerzone, warum sie nicht an Gott glauben, so werden es viele damit begründen, dass die Existenz von Gott wissenschaftlich ja unwahrscheinlich sei. Die Wissenschaft habe ja ziemlich nachvollziehbar bewiesen, dass es statt des Himmels das Universum gibt. Wo solle da noch Platz für einen Himmel sein?

Diese Antwort erscheint bei grober Betrachtung ja auch recht plausibel. Im Weltall haben wir uns ziemlich ausgetobt, von einem göttlichen Himmel war da nichts zu sehen. Die Vorstellung eines Himmels klingt ein wenig wie Fiktion.

Wenn man den Himmel als einen Ort erachtet, an dem sich die Seelen der Menschen wieder treffen, und man vergleicht dieses Bild mit der Vorstellung, dass namhafte Wissenschaftler an Paralleluniversen glauben, so finde ich das Bild vom Himmel plausibler als die geistesverschoben anmutende Vorstellung von Paralleluniversen. Dass es einen Ort gibt, an dem sich die Seelen treffen und zusammen verweilen, ist doch gar nicht so weit her geholt. Der Mensch hat so etwas wie eine Seele, ein Bewusstsein, dass eventuell nicht vergänglich ist und über die Körperlichkeit hinaus fortbesteht. Dass „masselose“ Seelen zueinander finden, ist eine nicht so spektakuläre Vorstellung. Sie mutet deutlich plausibler und normaler an als die Existenz von Paralleluniversen, in denen wir sogar mehrfach existent sein sollen.

Und diese Erkenntnis, dass das Bild vom Himmel plausibler und einfacher ist als das geistesverschoben anmutende Bild von Paralleluniversen, zieht eine ganz deutliche Schlussfolgerung nach sich: Wir haben eine tolle Chance auf Gott, eine tolle Chance, dass es ihn wirklich gibt, und dass es den Himmel gibt. Je spektakulärer die Mutmaßungen der Wissenschaft werden, desto mehr bestätigt sich, dass die Vorstellung eines Himmels mit sich vereinenden Seelen möglich ist, zumindest nicht unmöglicher als der wissenschaftliche Gedankensalat. Und das macht Mut.

Es scheint sogar vermessen, über die Existenz von Paralleluniversen zu spekulieren. Letztendlich können wir nur einen kleinen Teil des Universums wahrnehmen, mutmaßen aber in großen Tönen, was außerhalb des Universums sein soll. Sehr geehrter Herr Stephen W. Hawking, da ist Gott eine deutlich bessere Antwort als die Mutmaßungen der aktuellen Wissenschaft.

Dazu ist es auch ein Stückchen weit notwendig, sich mit den Grundsätzen der Wahrnehmung zu beschäftigen. Das „für wahr Nehmen" geht ja davon aus, dass dem Menschen von außen eine Information zugeführt wird. Wenn wir sehen, hören, schmecken, riechen oder fühlen, so haben diese Wahrnehmungsmethoden etwas Übereinstimmendes: Dem Körper wird nach den Grundsätzen der Physik und Chemie etwas zugeführt und von uns als Information gedeutet. Beim Sehen gelangen Lichtwellen in den Körper, wenn wir schmecken oder riechen gelangen ebenso Partikel in unsere Organe, und wenn wir fühlen, geschieht das ebenso durch unmittelbare, äußere Einflussnahme. Denken wir zurück an unseren Sichtradius von 13,7 Milliarden Lichtjahren, so kann die äußerste Einflussnahme nur innerhalb dieses Radius' an uns gelangen, sofern man von aktuellen wissenschaftlichen Erkenntnissen ausgeht. Jedes Gedankengut, was sich mit Dingen außerhalb des Sichtradius' beschäftigt, gründet auf Mutmaßungen, nicht aber auf Wahrnehmung. Wenn Wissenschaftler über die Entstehung des Universums mutmaßen, so gehen sie von Ihren Erkenntnissen innerhalb des Sichtradius aus, welche sinnbildlich den bekannten Teil des Mosaiks darstellen, und mutmaßen über die

Mosaiksteinchen, die das Gesamtbild vervollständigen, aber außerhalb des Sichtfelds liegen. Wenn es beispielsweise die chemischen Elemente gibt, dann müssen diese ja infolge des Urknalls entstanden sein. So schließen sich die wissenschaftlichen Gedankenketten, und offenbar passt vieles davon ja auch. Aber gesehen hat es keiner. Niemand war beim Urknall von uns dabei.

Ein wichtiger Aspekt in diesem Zusammenhang ist die Wahrnehmung des Menschen. Wie unsere Sinne funktionieren, scheinen wir medizinisch und wissenschaftlich gut zu verstehen. Gerade in den letzten Jahrzehnten haben wir aber auch gelernt, wie täuschbar Sinne sein können. Moderne Computerspiele und Simulationen führen uns in virtuelle Welten, die mittlerweile täuschend echt wirken, mindestens insofern, dass sich die Optik kaum von der uns bekannten Realität abhebt, ebenso wenig wie der damit verbundene Ton. Zwei Sinne lassen sich also mit dem Download eines Computerspiels für 9,99 Pfund verblüffend echt täuschen. Denkbar wäre ja auch, dass mit erweiterter Hardware ebenso Sinneseindrücke wie Geruch, Schmecken und Fühlen simuliert werden könnten. Versuche und Apparate, die so etwas bewirken, gibt es ja bereits. Nur hat sich dafür bisher kein ernsthafter Markt etabliert. Geruchs- und Geschmacksstoffe werden aber auch in der Ernährungsindustrie weitreichend eingesetzt und führen zu Simulationen, wenn wir im Restaurant - oder vor dem Fernseher - ein Abendessen genießen. Schon heute haben wir im Alltag ein Sammelsurium von Sinnestäuschungen. Der Mensch ist technisch dazu fähig, seine eigenen Sinne zu täuschen. Diese Erkenntnis wirft die Frage auf, was es mit unserer eigentlichen Wahrnehmung auf sich hat. Denn wenn wir Menschen selbst im Stande sind, so perfekt Sinne zu täuschen, stellt sich auch ernsthaft die Frage, ob unsere eigentliche Wahrnehmung und Auffassung der Realität nicht bereits einer Täuschung unterliegt. Dramaturgische Szenarien dazu gibt es ja einige. Das Genre *Science Fiction* beschäftigt sich seit je her mit Ideen rund um das Thema Realität. Der bekannte Film *The Matrix* zeigt ein Szenario, in dem die Wahrnehmung des Menschen als komplett getäuscht gedeutet wird. Getäuscht wird der Geist des Menschen durch die Computersoftware Matrix, während der Körper ahnungslos von der Simulation bleibt. Der Film spielt auf die philosophische Trennung von Körper und Geist an. Das Bewusstsein zu seinem Körper kann der Geist verlieren, von seinem Bewusstsein kann sich der Mensch aber nicht trennen. Die Frage, die sich ernsthaft stellt, ist durchaus, ob so ein wie in *The Matrix* beschriebenes Szenario wirklich stattfinden könnte. Sind wir dauergetäuscht in unseren Sinneswahrnehmungen? Das hier soll auf jeden Fall kein Aufsatz über das Thema Wahrnehmung werden, aber die Grundauffassung, was es mit unserer Wahrnehmung auf sich hat, ist schon sehr entscheidend. Das Bild vom „Goldfisch im Glas" ist ein bekanntes Beispiel dafür, dass ein Wesen dauergetäuscht sein kann. Für den Goldfisch im Glas mutet die Welt vergrößert und verzerrt an, Tag für Tag. Der Fisch hat nie ein anderes Bild von der Welt erhalten. Für ihn besteht auch kein Zweifel, dass die Welt so ist, wie er sie sieht. Denn auch wenn seine Sichtweise nicht verlässlich ist, so ist sie auf jeden Fall konstant. Und Konstanz - sowie die Menge an Informationen - verbinden wir Menschen mit Verlässlichkeit. Wenn der Milchmann jeden Tag die Milch bringt, so wird er auch morgen früh wieder kommen und eine weitere Flasche vor die Tür stellen.

Wie können wir uns als Mensch sicher sein, dass nicht auch wir dauergetäuscht sind? Schauen wir zurück auf unseren Aaron, so war dieser von seiner natürlichen Umgebung dauergetäuscht. Denn das, was er als Realität wahr nahm, stellte sich Jahrhunderte später als natürliche Täuschung heraus. Die Sternenbilder täuschten ihm ein Himmelszelt vor, was aber substanziell nicht stimmte.

Wir wissen nun, dass es einen Grundsatz gibt: Kein Bild vom Universum war bisher richtig. Zwar scheinen wir mehr und mehr Erkenntnisse zu gewinnen und Wissen anzuhäufen, aber das substanzielle Bild vom All war bisher immer falsch. Deswegen ja auch die Vermutung, dass auch das aktuelle Bild vom Universum – oder mittlerweise den Universen – substanziell falsch ist. Auch wenn Wissenschaftler wie Stephen W. Hawking die wachsenden Erkenntnisse immer als Verbesserung des Bildes vom Universum darstellen, wurde dieser Grundsatz bisher nicht gebrochen.

Die Veränderung unseres Bildes von der Welt und vom Weltall hat viel mit Wahrnehmung zu tun, insbesondere der optischen Wahrnehmung. Aaron konnte auf seinen Handelsreisen einige Hunderttausend Kilometer erblicken. Das Areal, was er durchwanderte, war recht eben. Nicht zuletzt mit der optischen Verbesserung eines Fernrohrs konnte man auf offener See erkennen, dass der Bug eines Schiffes am Horizont verschwindet, was die Meinung bestärkte, dass die Erde rund sei. Mit noch besseren Teleskopen können wir heute weit hinaus ins Weltall schauen, bzw. vielmehr Lichtströme aus der Vergangenheit damit einfangen. Die Expansion unseres Sichtfelds stößt aber an seine Grenzen. Wir können definitiv nicht weiter blicken als die 13,7 Milliarden Lichtjahre Sichtradius, was uns das Universum seit seiner Entstehung ermöglicht. Jegliche Deutung über Dinge, die sich außerhalb dieses Sichtradius' befinden, unterliegen Vermutungen, Deutungen, oder durchaus intelligenten Schlussfolgerungen, der Idee über ein System, dessen Funktionieren durch viele Experimente und Berechnungen plausibel und naheliegend wird. Unsere Wahrnehmung hat, in Form einer Grenzwertbetrachtung, nach oben hin ein Limit: Unseren Sichtradius.

Wie es bei Extremwertbetrachtungen aber üblich ist, beschaut man sich nicht nur den Maximalwert, sondern auch den Minimalwert. Und der Minimalwert ist keineswegs der Aaron, der nicht so besonders weit gucken konnte, sondern Menschen und Lebensformen, deren Wahrnehmung nach unten hin beschränkt ist. Beschauen wir uns Einzeller oder andere Mikroorganismen, so verfügen diese nicht über optische Organe. Mikroorganismen verfügen also über weniger Wahrnehmung. Menschen, deren Wahrnehmung eingeschränkt ist, wie zum Beispiel durch Blind- oder Taubheit, haben eine andere Wahrnehmung von der Welt und dem Weltall als Menschen, die über alle Sinne verfügen. Noch kleiner wird offenbar die sinnliche Wahrnehmung, wenn ein Mensch im Koma liegt. Und was würde passieren, wenn keine oder fast keine sinnliche Wahrnehmung in einem Organismus stattfindet? Gibt es für diesen Organismus dann ein Weltbild, trotz Leben? Bildet sich in diesem Organismus das, was wir als Realität bezeichnen würden? Offen gesagt möchte ich dazu nicht mutmaßen. Ich selbst werde darauf keine Antwort finden, glaube aber, dass diese Grenzwertbetrachtung eine große Bedeutung haben mag.

Beschränkt sind wir nach unserem Wissen auf die fünf Sinne. Wenn diese Sinne voll funktionieren, erleben wir das, was wir als normale menschliche Wahrnehmung erachten. Und all diese Sinne haben etwas Physikalisches oder Chemisches, das, was wir aus der klassischen Wissenschaft kennen, wirkt auf den Körper ein und wird von diesem erfahren und gedeutet. Aber sind die fünf Sinne alles, was Wahrnehmung ermöglicht? Die Grenzwertbetrachtung nach unten ist offenbar recht einfach. Stellen wir uns einen Einzeller vor, so verfügt dieser womöglich nur über einen Tastsinn. Lässt man im Radio Beethovens Fünfte Symphonie laufen, wird der Einzeller von dieser Musik wahrscheinlich recht wenig mitbekommen. Je nach Lautstärke der Musik wird das Tier durch die Schallwellen gereizt und spürt möglicherweise die Musik, ohne diese als etwas Schönes zu deuten. Der Mensch meint, über fünf Sinne, sowie auch Gleichgewicht, Zeit- und Temperaturempfinden, zu verfügen, aber wer schließt aus, dass es eventuell mehr Sinne gibt? Vielleicht gibt es ja Lebewesen, die über 12, 17 oder 26 Sinne verfügen. Die Fehlende Kenntnis über Sinne sagt nichts darüber aus, wie viele Sinne es gibt. Bereits Tiere haben weitere Sinne, wenn diese auf Magnetfelder reagieren, und Zugvögel somit den Weg in den Norden und Süden finden, oder wenn Fische ferne Dinge ertasten können.

Unser physikalischer Kenntnisstand und unsere Sinne sind der Nachweis dafür, dass wir – die Entfernung des 3D-Raums betreffend – von der unmittelbaren Wahrnehmung her eingeschränkt sind. Wenn nun die Wissenschaft über Dinge mutmaßen will, die außerhalb unseres Sichtradius' von 13,7 Milliarden Lichtjahren liegen, so kann es dafür zukünftig nur zwei Methoden geben: Entweder wir setzen auf unseren Verstand und folgern daraus mutmaßlich sinnvolle Dinge, oder wir erweitern die Güte oder Menge unserer Sinne. Wenn wir uns Radioteleskopen bedienen, so handelt es sich hierbei um eine Sinneserweiterung. Unsere Augen könnten nicht so scharf und genau schauen wie ein Radioteleskop. Technische Teleskope – also Radio-, Elektronen- oder optische Teleskope – ersetzen unsere Augen und verbessern die Informationen, die wir mittels des Sehens erlangen. Aber auch diese technischen Teleskope unterliegen der Sichtgrenze unseres Sichtradius'.

Letztendlich scheinen wir gefangen in der Schnelligkeit des Lichts. Als dritte Option verbliebe ja noch, entsprechend lange zu warten, bis sich unser Sichtradius über mehr als 13,7 Milliarden Lichtjahre erstreckt. Das scheint aber unverhältnismäßig und hilft uns wissenschaftlich in dieser Minute ganz sicher nicht weiter.

Können wir also der Urknalltheorie glauben, wenn wir noch nicht einmal die Mitte des Universums sehen können? Oder ist das alles noch viel schwieriger, weil beim Urknall das, was wir als Licht, Masse, Raum und Zeit bezeichnen, überhaupt erst entstanden ist?
Was ist, wenn auf unsere Sinne gar nicht so viel Verlass ist? Wie wir wissen, lassen sich Sinne einfach täuschen.
Wenn wir ganz viel Pech haben, sind wir der Goldfisch im Wasserglas, und sehen ständig alles verzerrt, oder nicht alles.
Die Fragen, die wir uns stellen, ergeben sich aus unserer Wahrnehmung. Aaron, der allabendlich in den Himmel schaute, hätte es ja auch dabei belassen können. Er hätte sich den Himmel beschauen und sich sagen können, wie schön das Sternenzelt überhaupt ist, sich bewusst werden lassen, dass der Anblick allein ihn selig macht. Aber seinem Sinneseindruck folgten die Fragen, die er sich selbst stellte und für die er Antworten suchte. Wenn unsere Sinne aber Auslöser für Fragen sind, so beantworten wir mit unserem Verstand vielleicht Dinge, deren Frage an sich schon falsch ist. Wenn Aaron sich die Frage stellte „Warum sieht das Himmelszelt so aus?", so ergaben der Anblick und die unmittelbare Deutung dessen, was er sah, ja schon ein Himmelszelt, etwas, das es aber nicht gibt.
Unsere Sinne werfen also gegebenenfalls falsche Fragen auf, oder unsere Sinneseindrücke unterliegen einer Historie falscher Sinneseindrucke, so dass Falsches auf Falschem aufbaut.
Vielleicht sollten wir also unsere Sinne Sinne sein lassen, und nur noch denken.

Wenn wir das, was uns umgibt, verstehen wollen, so geht es offenbar um zwei Raumzonen: Den sichtbaren Radius von 13,7 Milliarden Lichtjahren, der uns Bilder aus der

Vergangenheit ermöglicht, sowie die Zone, die über diesen Radius hinaus geht. Genau diese externe Zone ermöglicht uns keinen Sinneseindruck, kein Sehen, kein Riechen, noch eine andere Sinnesinformation. Diese Zone hat einen großen Vor- und einen großen Nachteil. Wir können die externe Zone ausschließlich durch Weiterdenken, mathematische Modelle sowie Theorien erörtern und beschreiben, aber dieser Nachteil ist auch gleichzeitig der große Vorteil. Was die externe Zone angeht, unterliegen wir keinen Sinnestäuschungen, weil wir die externe Zone nicht erblicken können. Die einzige Gefahr, die besteht, ist, dass wir von falschen Sinneseindrücken der sichtbaren Zone – also unserem Sichtradius – ausgehen und daraus falsche Schlüsse folgern, die sich auf die externe Zone beziehen.

Beunruhigend ist, dass die Menge an Deutungen und Ideen, wie es sich mit dem Universum verhält oder was außerhalb des Universums passiert, sehr vielfältig sind. Es gibt viele Theorien darüber, und alle diese Theorien haben in den Augen maßgeblicher, intelligenter Wissenschaftler auch eine gewisse Berechtigung und werden diskutiert. Die aktuellen, bekannten Theorien, die es rund um das Thema Universen gibt, sind u. a. Paralleluniversen, das Multiversum oder das Megaversum. Ohne im Detail auf die einzelnen Theorien einzugehen: Es geht letztendlich darum, dass es weitere Universen gibt, möglicherweise eins, mehrere oder gar unendlich viele. Angenommen, es gäbe 20 Theorien rund um das Thema Universum/Universen, so können wir uns doch sicher sein, dass höchstens eine davon richtig ist. Das klingt erst einmal wie eine Binsenweisheit, ist aber doch eine wunderschön erschreckende Erkenntnis. Um es nochmal in Worte zu fassen: Anerkannt führende, namhafte und intelligente Wissenschaftler haben dann sicher zu 95% mit Ihren Theorien Unrecht. Und um die verbleibenden 5% - also die vermeintlich richtige Theorie – mag es ja auch noch

Zweifel geben, oder sie mag einfach falsch sein.

Da war das Weltbild des Aaron einfacher. Er hatte nur eine Meinung, eine Auffassung von Land und Sternenzelt, und die war fett falsch, genauso falsch wie die etwa 95% der aktuellen wissenschaftlichen Meinungen.

Was die Sinnestäuschung angeht, möchte ich mit einer Erkenntnis schließen:

Wir sind bereits der Goldfisch im Goldfischglas, wenn es um das Thema *Farbe* geht. Farbe entsteht in unserer Wahrnehmung, wenn Lichtwellen in unser Auge eintreten. Was der Mensch aber macht, ist, die Farbe als einen Bestandteil der Masse zu sehen, als wenn sich die Farbe substanziell in der Masse befinden würde. Diese Vorstellung ist falsch. Wenn wir das Blatt eines Baumes in die Hand nehmen, so würden wir behaupten, dass es grüne Farbe beinhalte. Und als Beweis würden wir es gelten lassen, dass - wenn wir das Blatt durchreißen - ja innen auch diese grüne, substanzielle Farbe enthalten sei. An der Stelle sind wir aber Aaron, der sich ganz sicher ist, jedoch fehlt. Masse reflektiert Licht, und es gibt Stoffe, die grünes, rotes Licht oder andere Wellenlängen in unsere Augen reflektieren. Farbe ist aber alleinig unsere Interpretation von Wellenlängen, oder die Erinnerung an einen Farbeindruck, den wir kennen. Wenn wir eine rote Telefonzelle sehen, so müssten wir es so interpretieren, dass rotwelliges Licht aus Richtung der Telefonzelle kommt, nicht aber, dass sich die Röte in der Substanz der Telefonzelle befindet.

Masse enthält keine Farbe, und 7.200.000.000 Menschen machen täglich den Fehler, Farbe substanziell in der Masse zu sehen, ohne dabei den geringsten Zweifel zu haben. Aber schön, dass wir uns die Welt farbig machen.

Der Quark mit den Quarks

Der sichtbare Teil des Universums scheint zwei Beschränkungen zu haben, wie beschrieben ins Große, aber auch ins Kleine. Unsere Auffassung von Wirklichkeit findet in den uns bekannten Größenordnungen statt. Wenn wir ins Kleine schauen wollen, dann benutzen wir dafür z.B. ein Mikroskop. Wenn die Teile noch kleiner werden, ergibt sich ebenso eine Sichtbeschränkung wie beim Schauen ins Große, da sich ganz kleine Teilchen nicht so verhalten, wie wir es aus unserer Umgebung gewohnt sind. Ganz kleine Teilchen verhalten sich nicht so bestimmt, wie ein Apfel, der vom Stamm fällt, sondern machen offenbar Dinge, die wir Menschen so nicht verstehen können. Lichtteilchen, die z.B. durch ein Messgerät beschaut werden, verhalten sich anders, als wenn man keine Messungen an Ihnen vornehmen würde. Das klingt wie Spuk. Es ist aber genau so.

Wenn wir mit Teleskopen in die Ferne schauen, stoßen wir an Grenzen, und wenn wir ins Kleine schauen, so tun sich ebenso Grenzen auf, da die kleinen Teilchen verrücktspielen und unvorhersehbare Dinge tun oder sogar ihr Wesen ändern.

Armes Sichtfeld, wenn es nach unten hin so unscharf wird. Um auf unsere Sinne zurück zu kommen, so mag man sich durchaus die Frage stellen, ob unsere Sinneseindrücke wirklich der Realität entsprechen. Computer ermöglichen eine virtuelle Realität, die man schon in vielen Computerspielen genießen kann. Viele dieser Computerspiele sind so gut gemacht, dass man die Optik kaum von unseren realen Sinneseindrücken unterscheiden kann. Eines Tages saß ich in einem Flughafen und hatte noch eine Menge Zeit, bevor ich in den Flieger stieg. Auf allen Monitoren in der Wartehalle lief Basketball. Da ich mich nicht besonders für Basketball interessiere, schaute ich nur ab und zu auf die Bildschirme. Bei genauerem Hinsehen stellte ich fest, dass es sich nicht um eine Basketballübertragung handelte, sondern um ein Computerspiel, in dem der komplette Raum dreidimensional simuliert wurde, ohne dass es die Basketballarena jemals gegeben hätte.

All diese Virtual-Reality-Simulationen laufen schon heute auf normalen Computern. Wenn man 100 Jahre weiter denkt, und sowohl die Darstellungsgüte als auch die Rechnerleistungen steigen, so ist zu erwarten, dass die optische Simulation nahezu perfekt wird. Und wenn dann noch das Wahrnehmungsmedium wesentlich geändert wird, und aus dem Bildschirm ein Datenstrom direkt im menschlichen Körper landet, so könnte man annehmen, dass sich das Auge komplett täuschen ließe.

Aber was hat dieser Gedanke für eine Bewandtnis?

Man könnte ja auch die Auffassung teilen, dass das, was wir wahrnehmen, eine Simulation ist. Das klingt jetzt ein wenig wie Science-Fiction, aber die Tatsache, dass wir Menschen eine Simulation schaffen können, mit der wir uns selbst perfekt täuschen, lässt ja auch die Annahme offen, dass unsere gesamte Wahrnehmung eine virtuelle Realität sein könnte. Kinofilme stellen dieses Szenario anschaulich dar, wie z.B. der Film „The Matrix". Oberflächlich betrachtet handelt es sich um einen Science-Fiction-Movie, aber wenn man genauer darüber nachdenkt, so ist der Gedanke einer Matrix – eines simulierenden Computerprogramms in unserem Gehirn - nicht komplett abwegig. In dem Falle bräuchten wir weder einen Körper, eventuell sogar kein Gehirn, um simuliert zu bekommen, dass wir einen Körper hätten, mit dem wir uns durch die Simulation bewegen.

Die andere Auffassung ist, dass unsere Annahme von Wirklichkeit wesentlich so ist, wie wir es wahrnehmen, nämlich, dass wir einen Körper haben und im Universum leben, welches wir versuchen, immer mehr zu ergründen.

Oder um es konkreter zu sagen: Wenn unser Leben wirklich nur *eine technische Simulation wäre, dann könnten wir uns die gesamte Wissenschaft ersparen, denn dann hätte das Universum, was wir erleben, zwar ein festes Regelwerk, aber dieses Regelwerk wäre im Computerprogramm begründet, das unwirklich ist. Und in der Unwirklichkeit hätte es keinen Sinn, Wissenschaft zu betreiben.*

Wenn wir aber auf unsere realen Wahrnehmungsgrenzen zurück kommen - nämlich der Beschränkung ins Große und Kleine - so gibt es in Computerspielen Parallelen, die verblüffend sind. Meist ist es doch so, dass in dem Moment, wenn das Computerprogramm Details darstellt, Pixel sichtbar werden. Und in älteren Computerspielen sieht man diese Pixel auch in quadratischer Form, als Farbinformationen. Da das optisch nicht so schön ist, reagieren moderne Computerspiele in dieser Situation anders: Sie machen das ganze unscharf. Die Farbpixel werden als Verläufe dargestellt, was eben genau das eine erzeugt: Unschärfe.

In der Realität schauen sich Wissenschaftler auch kleine Teilchen an. Letztendlich ist es so, dass man nicht genau weiß, was Teilchen zu welchem Zeitpunkt genau machen und wo sie sich aufhalten. Die Wissenschaftler selbst sprechen hierbei auch von „Unschärfe".

Die kleinen Teile des Computerspiels, die in Unschärfe enden, und die Unschärfe der kleinen Teilchen in unserer Wirklichkeit sind nicht komplett unterschiedlich.

Im Computerprogramm möchte der Erschaffer des Computerprogramms nicht, dass zu sehr ins Kleine geschaut wird. Und ist es in unserer Realität ebenso? Ist da jemand, der nicht möchte, dass wir zu sehr ins Kleine schauen? Als ob jemand sagen würde: „Stopp mit der Wissenschaft ins Kleine, hier ist jetzt aber Schluss".

Letztendlich wäre das ein sehr esoterischer Gedanke, und das, was ich aufschreiben möchte, soll alles sein, nur nicht esoterisch oder schwammig. Das was ich aufschreibe, soll einfach und klar sein, und nicht in wilden Vermutungen enden.

Aber auch beim Vergleich des Schauens ins Große ist unsere Wirklichkeit und ein Computerprogramm nicht weit voneinander entfernt: Unser Sichtradius hat eine deutliche Begrenzung mit 13,7 Millionen Lichtjahren Entfernung, und die 3D-Welt eines Computerprogramms ist ebenso größenbeschränkt.

Wenn Einstein nun provokativ zu Nils Bor sagte: „Ist der Mond auch da, wenn wir ihn nicht anschauen?", so ist die Parallele zu Computerspielen erschreckend, weil – aus Gründen der Rechnerleistung – ebenso Dinge ausgeblendet werden, wenn sie nicht im Sichtfeld des Monitors liegen. Wenn ein Auto in einem Rennspiel durch die Landschaft rast, dann werden nur die Bäume eingeblendet, die auch im Sichtfeld des Betrachters liegen.

Und offen gesagt: Das ist spooky. Das ist sogar sehr sehr spooky. Denn das, was Einstein über den Mond sagte, sagte er lange bevor es 3D-Simulationen und Computerspiele gab.

Es gibt zwei mögliche Varianten: Unsere Realität ist eine Simulation, die unserem Geist vorgetäuscht wird, oder wir glauben an das, was wir als Realität wahrnehmen, an die Inhalte, die Wahrnehmungen und die Deutungen der Realität.

Nur eines scheint wenig wahrscheinlich: Dass es sich um einen Mischmasch handelt. Entweder gibt es eine Simulation unserer Wirklichkeit, oder die Welt, wie wir sie wahrnehmen.

Auf der anderen Seite gibt es einen Teil, der außerhalb unseres Sichtradius' liegt. Und gehen wir vom Stand der Naturgesetze aus, so, wie sie die Wissenschaft aktuell beschreibt, werden wir niemals dahin blicken können. Kein Licht eines Sterns, der außerhalb unseres Sichtradius liegt, können wir erblicken, keinen Mittelpunkt, keine Kante des vermeintlichen Universums und keine Universen, die sich etwaig außerhalb unseres Universums befinden. Mutmaßungen, die sich außerhalb unseres Sichtfelds bewegen, sind vage, auch wenn die Wissenschaft schlüssige Modelle davon zeichnet und die wissenschaftlichen Modelle auf hoher Geistesleistung beruhen, sowie in Versuchen wahrscheinlich gemacht werden.

Besonders verwundert war ich von einer TV-Dokumentation, in der die Entstehung des Weltalls auf wissenschaftliche Weise dargestellt werden sollte. Stephen W. Hawking wollte aufzeigen, wie die ersten Sekunden unseres Universums verlaufen seien: Alles sei aus dem Nichts hervor gegangen, dehnte sich dramatisch aus, und dabei sei Raum, Zeit und Masse entstanden. So, wie das alles in einer Animation gezeigt wurde, sah das auch plausibel und verständlich aus. Aber bei dieser Darstellung gab es einen Haken. Die Kamera zeigte das Universum von außen.

Wenn Raum zum Zeitpunkt des Urknalls entstanden ist, so ist die Perspektive von außerhalb des Universums so aber weder möglich noch sinnvoll. Die Sicht auf das entstehende Universum kann nur aus einer Kameraperspektive innerhalb des Universums gezeigt werden. Zudem wird der Raum im ersten Moment ja auch wohl ziemlich zerknödelt oder wirr gewesen sein, als dass eine Innensicht des entstehenden Universums schwer möglich wäre.

Das Modell eines Universums von außen ist irreal. Modelle können nur von Systemen gezeigt werden, die sich innerhalb des Universums befinden und mit den dort geltenden Gesetzen des Raums dargestellt werden.

Und der Urknall kann auch kein Urknall gewesen sein, denn bei einem Knall würde man ja erwarten, dass es außen - ringsum - ein lautes Geräusch gegeben hätte. Wenn aber Raum, Zeit und Masse beim Urknall entstanden sind, dann kann sich der Schall und Knall wenn überhaupt nur im Inneren abgespielt haben.

Es mag ja auch sehr interessant sein, auf das zu schauen, was innerhalb unseres Sichtradius so passiert, innerhalb der 13,7

Milliarden Lichtjahre. Der Fokus der Wissenschaft liegt darauf, das zu ergründen, was außerhalb unseres Sichtradius liegt. Aber haben wir schlüssig auf das geschaut, was wir sehen können?
Es wäre interessant zu wissen, was uns im sichtbaren Bereich umgibt, und vielleicht könnten wir im Verständnis dessen auch das besser verstehen, was wir nicht sehen, und vielleicht auch niemals sehen werden können.

Viel Leben

Das, was ich schreibe, soll nicht wissenschaftlich sein. Das, was ich schreibe, soll aber auch inhaltlich scharf sein. Und deswegen komme ich auf einen Punkt, der uns seit langer Zeit bewegt: Die Frage nach anderem Leben außerhalb unseres Planeten.
Es geht dabei aber keinesfalls um das, was man als Aliens bezeichnen würde. Aliens scheinen etwas sehr Fiktives zu sein. Seit vielen Jahrzenten denkt die Menschheit an Raumschiffe, Aliens, und das, was diese mit uns machen. Es scheint ein Phänomen zu sein. Beschaut man sich die Abdrücke von Raumschiffen auf Getreidefeldern, wie sie im letzten Jahrtausend vermehrt in England aufgetreten sind, so zeigen all diese Abdrücke etwas Unlogisches: Das, was sich auf den Getreidefeldern abzeichnet, sieht genau so aus, wie wir uns Raumschiffe von Aliens vorstellen. Und das macht es gerade unwahrscheinlich, dass diese Abdrücke echt sind. Unsere Vorstellung von großen Raumschiffen mit Gestängen, kreisförmigen Elementen und fliegenden, runden Untertassen ist

genau das, was wir auf den Getreidefeldern sehen.

Ein Blick auf die Menge an Sternen verdeutlicht, welche Größen sich im Universum auftun. Denkt man ans Universum, so hat man durchaus ein Raumgefühl vor Augen, mit Sternen und Galaxien.

Allein die Milchstraße hat 100 Milliarden sonnenähnliche Sterne, ca. jeder fünfte davon hat einen Planeten, den die Wissenschaft als erdähnlich bezeichnet. Demnach gibt es in der Milchstraße ca. 20 Milliarden erdähnliche Planeten.

Erdähnliche Planeten bieten keineswegs unbedingt die Voraussetzungen, die Leben – so wie wir es kennen – benötigt. Auch gibt es bisher keinen Nachweis, das Leben auf anderen Planeten existiert. Unsere traditionelle Auffassung ist so, dass wir als einzige Leben auf dem Planeten Erde haben.

Aber wie gehen wir mit der Erkenntnis um, dass allein die Milchstraße 20 Milliarden erdähnliche Planeten hat? Und wenn zudem die Einschätzung richtig ist, dass es im sichtbaren Teil des Universums 100 Milliarden Galaxien gibt, so könnte die Menge dieser erdähnlichen Planeten – ich schreibe es aus – in der Größenordnung von 2.000.000.000.000.000.000.000 Stück liegen.

Und da soll es kein Leben geben? Obwohl viele dieser Planeten bestimmt über Wasser und weitere Erfordernisse für Leben verfügen?

Jeder Mensch kann seine eigene Einschätzung darüber haben. Verschiedene Wissenschaftler haben sich mit der Wahrscheinlichkeit auseinander gesetzt, ob es dort Leben gibt. Und wenn wir wirklich offen für Erkenntnis sein wollen, so ist der Gedanke, dass es mindestens einen anderen Planeten gibt - der vergleichbares Leben wie auf der Erde vorweist - nicht völlig abwegig. Es steht sogar im Raum, dass es sehr viel ähnliches Leben auf anderen Planeten geben könnte.

Und für mich wäre das ein schöner, sogar sehr schöner Gedanke.

Was hätte unser Aaron dazu gesagt, wäre er auf dem Kenntnisstand wie wir heutzutage?

Sollte es passieren, dass Leben auf einem Planeten gefunden wird, der vielleicht 100 Lichtjahre von uns entfernt ist, so werden Wissenschaftler plausible Hochrechnungen anstellen, und die prognostizierte Menge an Planeten - auf denen Leben stattfindet - hochrechnen, eben entsprechend der Größe des Universums. Bei jeglicher Entdeckung von weiterem Leben im Universum werden diese Hochrechnungen dann auch dramatisch explodieren. Je näher sich das neu gefundene Leben an der Erde befindet, desto dramatischer werden Vorhersagen ausfallen, wie viel Leben es geben mag, da das Universum so dramatisch groß ist. Würden wir auf einen weiteren Planeten mit Leben in unserer Milchstraße stoßen, so könnte man ja die zwei Planeten der Milchstraße, die Leben aufweisen, auf die 100 Milliarden Galaxien hochrechnen, so dass es circa 200.000.000.000 Planeten mit Leben gäbe.

Die Annahme, dass es kein weiteres Leben im Universum gibt, ist ja auch nicht gerade optimistisch gedacht. Es hat etwas von einem Alleinstellungsanspruch. Vieles, was wir aus unserem Sonnensystem kennen, haben wir vergleichbar in anderen Sonnensystemen gesehen. Warum also nicht auch Lebensformen?

Das Gegenteil - dass es nicht tausende von Planeten mit Leben gibt – können wir eben auch nicht beweisen, und es ist statthaft, die Existenz von sehr viel Leben im Universum anzunehmen.

So es denn so sei, dass es sehr viel Leben in der Milchstraße und im gesamten Universum gibt, so stellt sich die Frage, welche Beschaffenheit das Leben dort hat?

Auf der Erde hat es seit ihrer Entstehung ca. 10 große Einschläge von Meteoriten gegeben. Das Leben hat überlebt, obwohl sich die gesamte Erdoberfläche auf 4.000 Grad Celsius erhitzte. In den Tiefen der Erde überlebte das Leben, und aus diesem Leben entstanden auch irgendwann wir.

Wir können praktisch nur mutmaßen, wie Leben auf anderen Planeten aussehen mag. Ist es chemisch deckungsgleich mit dem Leben auf unserer Erde? Überlebt es auch bei großer Hitze in den Tiefen der Planeten, wenn ein Meteorit einschlägt?

Das Wort, was wir bisher nur in der Einzahl benutzen, ist die Evolution. Im Falle dessen, dass es vergleichbares Leben gibt, so mag es auch dort Evolution geben. Und bei vielen Planeten, auf denen Leben womöglich stattfindet, gäbe es viele Evolutionen.

Und doch ist es so, dass man sich das Thema Evolution beschauen kann, zumindest Teile der Geschichte, wie sich Leben entwickelt hat und wie dieses Leben mit Zeit, Raum und Masse umgeht.

Wenn Leben das Bewusstsein für 3D-Raum erlangt, so wird es wohl zu der Erkenntnis kommen, dass es Orte gibt. Ein Ort ist ein Punkt. Wenn Leben sparsam mit Ressourcen umgeht – mindestens mit den eigenen Ressourcen wie Kraft und Energie – so wird Leben immer bestrebt sein, auf kürzestem Weg von A nach B zu gelangen. Und das Leben wird entdecken, dass es etwas gibt, was wir gemeinhin als Strecke bezeichnen. Bei den Dingen Punkt und Strecke handelt es sich um Findungen, die das Leben macht: Findungen des Möglichen.

Nach unserem Verständnis unterscheiden wir gemeinhin Entdeckungen und Erfindungen. Es erscheint uns nicht wichtig, genau mit diesen Begriffen umzugehen. Von einer Entdeckung spricht man, wenn jemand auf etwas stößt, so wie der geniale Columbus, der auf Amerika gestoßen ist. Columbus hat Amerika ja mehr oder weniger aus Versehen umgefahren, ist darauf geknallt, obwohl er eigentlich Indien erwartet hatte. In diesem Fall sprechen wir von einer Entdeckung.

Eine Erfindung ist für uns etwas, bei dem ein Lebewesen

aufgrund seiner Geistesleistung etwas Neues auf die Beine gestellt hat, etwas vorher nicht Existentes, in Form einer schöpferischen Leistung.

Also wäre demnach eine Erfindung eine Schöpfung. Diese Annahme mag falsch sein. Und diese falsche Annahme mag unser Bild von der Welt und vom Universum verändern. Denn es muss wohl so sein, dass es alle Formen der Natur, des 3D-Raums bereits gibt.

Wir alle kennen die großen Erfinder und Erfindungen, die des Rades, des Fernsehers, des Schwarzpulvers und die des Steuerbescheids. Nicht alle Erfindungen sind offenbar gutartig. Vielmehr ist es dem Anwender überlassen, wie er die Erfindung einsetzt, ob er mit Schwarzpulver wertvolle Rohstoffe zum Wohle der Menschheit freisprengt, oder das Gemisch kriegerisch einsetzt.

Ein kleiner Ausflug des geistigen Auges in die Antike: In der Sonne Griechenlands, inmitten eines Olivenhains, arbeitet ein bekannter Bildhauer und gedenkt, ein Abbild des Adonis aus dem vor ihm stehenden Marmorblock zu hauen. Neben ihm steht sein Bilderhauer-Azubi und sagt:

„Meister, Ihr habt die Gabe, so schöne Skulpturen aus dem Stein zu hauen, wie es kein anderer kann. Wie macht Ihr das?". Und der Meister antwortet bekanntlich:

„Das ist gar nicht schwer, ich entferne aus dem Stein nur die Teile, die nicht da sein sollen, und schon ist der Adonis da."

Eine amüsante Anekdote, die aber verschiedene interessante Gedanken in sich birgt: Der Marmorblock – nach unserem Verständnis also ein physikalisch herkömmlicher 3D-Raum – beinhaltet also schon die Adonisskulptur, die der Bildhauer im Kopf hat. Nicht nur das. Er beinhaltet auch eine Vielzahl anderer Adonisskulpturen, oder vielmehr alle erdenklichen Abbildungen des Adonis in 3D. Letztendlich lassen sich alle erdenklichen Formen aus diesem Marmorblock schlagen, nicht nur muskulöse

Männer, sondern auch Skulpturen von Echnatons, Cleopatras, Wilhelms und Marylin Monroes, sowie Wagenräder, Speerspitzen oder Patronenhülsen.

Wenn es so ist, dass sich alle gegenständlichen Formen aus einem Marmorblock schlagen lassen, welche Bedeutung hat dann überhaupt noch das Wort Erfindung? Demnach sind ja alle erdenklichen 3D-Formen im Marmorblock bereits existent, also „schon da", wenn auch nicht freigelegt. Welchen schöpferischen Wert sollte also die Erfindung einer Form, die jedes Bergmassiv der Welt ja schon in sich birgt, haben? Es hat den Anschein, dass es alle – sprich unendlich viele - Formen ab dem Zeitpunkt gibt, seitdem 3D-Räumlichkeit existiert, grob gesagt ab dem Urknall. Somit käme einer Erfindung keine schöpferische Leistung bei, sondern die schlichte Findung des Existenten, vielmehr eine Entdeckerarbeit, wie die Bezeichnung es sagt: Ein Finden. Und so mag es tatsächlich ja auch gewesen sein, bei der Erfindung des Rads, wo wir bei Echnaton und seinen heiligen Mistkäfern wären: Denn es ist ja vorstellbar, dass die ägyptischen oder sumerischen Mistkäfer tausende Jahre vor Christus fleißig ihre Kotbällchen gerollt haben, sich das Ganze ein Sumerer beschaute und dachte: „Mensch, da könnte man ja auch ein Formel-I-Auto draus bauen". So, oder so ähnlich. Immerhin war der Sumerer schlauer als sein amerikanischer Kollege jener Zeit, der beim Beschauen rollender Büsche nicht an IndyCars dachte. Kein Rad hatte Amerika vor Columbus gesehen.

Das Finden, Erfinden und Entdecken des Rads hatte auf jeden Fall ja schon der Mistkäfer getan, bevor es der Mensch verstand.

Nun lässt sich argumentieren, dass ja nicht alles – was sich Erfindung schimpft – eine 3D-Skulptur ist. Wenn man sich das Schwarzpulver beschaut, ist ja nicht die Form entscheidend, sondern die chemische Zusammensetzung. Und so haben es die Chinesen und Byzantiner ja auch gemacht, indem sie mit Zutaten und Chemikalien experimentierten. Gerade aber im Fall des

Schwarzpulvers – und seinen recht übersichtlichen Zutaten – mag es sich schon vorher geschichtlich ereignet haben, dass einst aus einem Vulkan Schwefel quoll, und in Verbindung mit Salpeter und Baumresten ähnliche Verpuffungen stattfanden, wenn auch vom Menschen unbemerkt. Die Möglichkeit des Schwarzpulvers besteht somit, seitdem es Schwefel, Salpeter und Kohlenstoffverbindungen gibt, also ebenfalls grob seit dem Urknall.

Die Beispielkette von vergleichbaren technischen Möglichkeiten, die geschichtlich gesehen seit je her möglich und somit auch existent sind, könnte man unendlich weiter führen. Keinesfalls soll damit die Geistesleistung und der Fleiß derer geschmälert werden, die diese „Findungen“ machten.

Das Wort „Erfindung“ – das die Neuschöpfung einer Form oder technischen Begebenheit durch einen Menschen oder ein anderes Lebewesen ausdrückt – mag damit aber hinfällig und sinnlos sein, da jede so bezeichnete „Erfindung“ vor der Findung schon existent – oder zumindest möglich – war.

Demnach gäbe es keine statischen, gegenständlichen Neuschöpfungen, nach der Schöpfung.

Aber wie verhält es sich dann mit der Kunst und der Neuschöpfung? Der Marmorblock des Bildhauers enthält alle Formen. Wenn man sich das Schaffen von Skulpturen, bei denen die Materialität hintergründig ist, vorstellt, so muss man sich Gedanken machen, ob man dabei von Kunst sprechen kann. Demnach wäre die Findung von vorhandenen Formen Kunst.

In diesem Marmorblock des Bildhauers befindet sich aber noch viel mehr. Wenn sich im Marmorblock alle Formen befinden, dann befinden sich im Marmorblock auch alle Buchstaben, alle Wörter, alle Texte, alle Bücher, alle Schriften. Und zwar aus wissenschaftlicher Sicht, nach Gefallen auch sogar in 3D. Ich spreche hier nicht von Esoterik. Seitdem es hinreichend viel Masse und den 3D-Raum gibt, seitdem gibt es alle Buchstaben, *alle Sprachen als „im Stein vorhandene" Schrift.*

Wenn davon die Rede ist, dass im Anfang das Wort war, so bestätigt die Urknalltheorie den Anfang der Bibel, und das sehr wissenschaftlich. Im Anfang waren aber auch die Form der Adonis-Statue, die Form aller Giacometti-Skulpturen und die Form aller Giacometti-Skulpturen, die er gemacht haben könnte, wenn er mehr Zeit dazu gehabt hätte.

Wenn es nun viel Leben im Universum gibt, und die physikalischen und chemischen Voraussetzungen im Universum die gleichen sind, zudem alle gegenständlichen Erfindungen schon in Felsblöcken existieren, so ist es nicht abwegig, dass sich das Leben — und die (Er)findungen des Lebens — woanders ähnlich ereignen. Unabhängig dessen, wie das Leben auf anderen Planeten genau erscheint: Die Bibel steht in seiner Gesamtheit im nächsten Felsblock, und es braucht nur jemanden, diese frei zu legen. Dabei ist es auch nicht wichtig, welche Schrift oder Sprache anderes Leben benutzt.

Auch das andere Leben wird im Raum auf die Erkenntnis stoßen, dass ein Ort ein Punkt ist, und dass die kürzeste Entfernung zwischen zwei Punkten eine Strecke ist, und dass Räder rollen. Viele Findungen entstehen ja auch in Abhängigkeit zueinander, oder bauen aufeinander auf. Ein Dreieck benötigt Punkte und Strecken. Wer ein Dreieck findet, der wird auch über Punkte und Strecken gestolpert sein. Eine Kutsche wird wahrscheinlich infolge des Findens eines Rades gefunden. Dass Dinge parallel zueinander gefunden werden, zeigt ja auch die Zeitgeschichte auf unserem Planeten. Zumindest lässt sich mindestens eine Begebenheit so deuten:

Als der Homo Sapiens in Afrika los marschierte und sich in der Welt verbreitete, lief er über Land inmitten der heutigen Beringsee - also von Sibirien über Alaska - nach Amerika.

Irgendwann änderten sich die Landformen, so dass man zu Fuß nicht mehr nach Amerika gelangen konnte. Die Alte und Neue Welt entwickelten sich weitestgehend unabhängig voneinander, bis Columbus dagegen prallte. Zumindest gehen Historiker heute davon aus. Zwar gab es schon die Seefahrt, aber so unschlau wie Columbus wird niemand gewesen sein, denn entweder konnte man noch nicht so weit segeln, oder die Seefahrer hatten im Geschichtsunterricht besser aufgepasst und wussten, dass die Erde zu groß für weite Expeditionen ist.

Wenn es denn so ist, dass sich die Alte und Neue Welt unabhängig voneinander entwickelten, und somit auch kein Informationsaustausch stattfand, wie kann es dann sein, dass relativ gleichartige Pyramiden zum recht genau gleichen Zeitpunkt gebaut wurden? Das Ganze ist deutlich mehr spooky, als es zuerst erscheint. Also nochmal langsam zum mitschreiben: Der Mensch rennt über die Landzunge nach Amerika, die Verbindung wird abgetrennt, und zwar über einen Zeitraum von ca. 20.000 Jahren. Dann begibt es sich, dass sowohl die Ägypter - aber auch Peruaner – recht zeitgleich Pyramiden erbauen. Diese Pyramiden sind von der Form her sehr gleichartig, wenn auch aus unterschiedlichen Baustoffen erschaffen. Natürlich mag das alles Zufall sein, oder man könnte bezweifeln, dass es keinen Informationsaustausch zwischen den Kulturen gab. Aber selbst wenn vereinzelt Seefahrer zwischen den Welten segelten, werden sich diese bestimmt nicht über Pyramiden unterhalten haben.

Das Bauen von Pyramiden liegt im Menschen – im Leben - verwurzelt, oder ergibt sich aus einer kulturellen Entwicklung. Es ist die einfachste Form von monumentaler Architektur.

Wenn es weiteres Leben im Universum gibt, und die Kette an Findungen seinen Lauf nimmt, so mag es dann ja auch wahrscheinlich sein, dass die Kette an Findungen auch auf anderen Planeten stattfindet. Wir kennen nur die eine Evolution. Evolution ist ein Begriff, der auch nur in der Einzahl gebraucht wird. Die Herleitung, die auf viel Leben im Universum schließen lässt, legt dann auch nahe, dass es die Kette von Findungen auch auf anderen Planeten gibt. Und dann wohl auch die komplette. Das würde bedeuten, dass es Pyramiden in der Milchstraße gab, gibt und geben wird. Und zwar sehr viele.